室内设计手绘

基础精讲

—— 郑嘉文 著 ——

华中科技大学出版社
http://www.hustp.com
中国·武汉

推荐语

　　郑嘉文是一位年轻的手绘教师，平时潜心研究手绘创作与教学，辛勤地耕耘着他喜爱的手绘事业，在朋友圈中经常能看到他的新作。郑嘉文无疑是手绘届的一名新秀，从他的作品中便能感受到他对手绘艺术的执着和热爱，虽然年轻，但他的作品质量却是很多同龄人难以企及的。多年的实践和教学使他对手绘具有独到的认识和见解，他所编写的手绘书不但具有系统性和实用性，更具有可看性。从郑嘉文的手绘作品中，我们还能感受到他身上所具备的良好的艺术潜质，祝愿他在手绘艺术的道路上取得更好的成绩。

—— 中国美术学院副教授、《中国手绘》主编、"边走边画"总导师　夏克梁

　　设计的本源便是手绘，设计师将最纯粹的思考灌输于笔尖，从而让设计思维延伸与绽放。科技成就效率，手绘则是设计独有的沟通语言，一张纸、一支笔便能表达出设计的灵魂。

—— 赛拉维 DESIGN 创始人　王少青

　　设计构思想要被感知，就要通过特定的载体来转化，手绘正是设计师表达语言最快捷的能力展示。

—— 天津环境装饰协会会长　

　　设计师在方案构思初期，需要根据客户和施工现场的诸多要求与限制不断地修改设计方案，才能形成最终方案。设计手绘是设计师表达个人创意最直接有效的媒介，且能够以最快速、最直观的图像形式传达设计者的设计意图。熟练运用设计手绘可以十分有效地推动设计思维不断转化，从而助力项目高效开展。

—— 天津美术学院教授、硕士研究生导师，天津当代艺术学会主席，天津高校摄影学会常务副主席兼秘书长

编著此书的初衷是帮助广大设计师朋友熟练掌握手绘技能，帮助广大在校大学生与手绘爱好者正确理解设计手绘，从而科学地学习手绘。手绘是设计师必备的基本功，良好的手绘基础也是设计师艺术修养的展现。在设计手绘学习过程中，一套科学、系统的方法必不可少。为帮助广大热爱手绘的设计师及学生朋友扎实、有效地掌握设计手绘技巧，笔者结合多年设计工作与手绘教学经验，精心归纳整理，编著此书。所谓"基础精讲"，是指本书侧重手绘基础技法的剖析，具有"基础、精细、严谨"等特点，全书从工具、线条、构图、比例、材质、平面、立面、软配、空间透视、马克笔上色、施工规范等方面着重讲解，内容丰富，层次清晰。希望笔者所总结的手绘经验能够对广大设计师朋友及手绘爱好者有真真切切的帮助。

本书附赠配套精讲视频，可供手绘初学者及室内设计专业的同学理解与练习。视频资源获取方法：关注微信公众号"HYD 合一手绘"，回复"室内设计手绘基础精讲"，可获得 300GB 的精讲视频教程。

关于此书如有任何疑问和建议，欢迎随时发邮件至 heyi_design@qq.com，我们会第一时间进行处理，力求把书做得更好！

合一设计教育
2020 年 3 月

目录

第 **1** 章

手绘基础

1.1 工具介绍

1.1.1 尺规类

※ 折叠比例尺

众所周知，在方案设计中具有良好的尺度感十分重要。室内设计具有很强的落地性，这也是设计手绘与传统绘画艺术的极大不同。折叠比例尺是在方案设计时必备的工具之一，特别是在手绘平面图、立面图时最为实用，比例尺上标有各种比例尺度，例如 1：5、1：10、1：25、1：30、1：75、1：100 等，在手绘过程中我们可以利用比例尺去核对画面是否准确，借用比例尺对空间尺度做一个很好的把握。在手绘练习初期，我们可以用比例尺练习不同比例的厘米线以增强尺度感，以便在手绘方案绘制中更加精准，为徒手绘制打下良好基础。

▲ 折叠比例尺

※ 平行尺

平行尺又称"滚尺"，因尺上有一滚轴而得名，可上下滚动，便于绘制平行线条。

※ 丁字尺

丁字尺以 90cm 的最为常见，现多用于手绘快题方案的绘制。

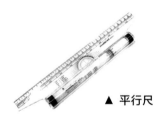

▲ 平行尺

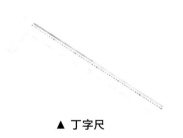

▲ 丁字尺

TIPS

设计师在方案设计创作中，手绘表现方案不应受到工具的限制。想要练就一手高效快速且随时随地拿得出手的手绘技能，就需要科学的学习思路与大量的实践练习。初学者前期可以借助尺规辅助，以便合理推敲空间尺度感，养成科学的绘图习惯，对画面的每一结构充分理解。建议大家在熟练后不要再过分依赖工具。画笔可使用铅笔、滚珠笔、钢笔、油性笔等，只要绘图时使用顺畅即可。

1.1.2 画笔类

※ 滚珠笔

滚珠笔由于价格低廉、便于获得等特点,在工作中随处可见,常用于书写、绘图等,是常见的办公用品。在用滚珠笔绘图时,需要了解滚珠笔的特性,笔尖与纸面倾斜 45 度,避免在画快线时线条不流畅而出现断墨现象。

※ 钢笔

钢笔的特性是笔尖受挤压中间出墨水。需要注意的是,即使是同一人,在书写与绘图过程中,握笔姿势和下笔力度也不会完全相同。笔尖与纸面的倾斜角度不同,笔尖的磨损位置自然也不同。建议大家准备一支绘图专用钢笔,不要作书写之用,以免绘图时钢笔出现断墨现象。

※ 水溶性彩铅

彩铅分为水溶性与油性两种,在室内手绘中因水溶性彩铅与马克笔兼容性更好而被广泛使用。水溶性彩铅具有色彩丰富、细腻等特点,在室内设计手绘中常用于绘制环境色。其缺点是笔头过小影响绘图速度,如果单纯用彩铅绘图,效率不高,所以彩铅与马克笔搭配使用更为科学。

▲ 滚珠笔

▲ 水溶性彩铅

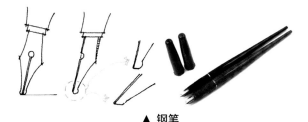

▲ 钢笔

※ 马克笔

马克笔的优点是能够快速上色，缺点是难以表现过多细节。马克笔常与水溶性彩铅搭配使用，彩铅用于绘制环境色，马克笔用于铺陈画面整体关系与大色调。马克笔分为油性马克笔和水性马克笔两种。油性马克笔又称"酒精性马克笔"，是最常用的。水性马克笔是由水彩延伸而来，在使用过程中水性马克笔反复涂写不容易达到最大值，与油性马克笔相比不好控制。油性马克笔在反复涂写过程中容易达到最大值，更易掌握且最为常见。

※ 高光笔

高光笔推荐三菱白漆广告笔，这支笔绘制高光更为细致，颜色均匀。使用前注意摇匀。

※ 美工笔

美工笔俗称"弯头钢笔"，多用于风景速写，能够快速表现线面结构。

※ 针管笔

针管笔目前多为建筑设计专业同学绘制大作业使用，使用时注意笔与纸面应垂直，常见品牌有红环、樱花等。

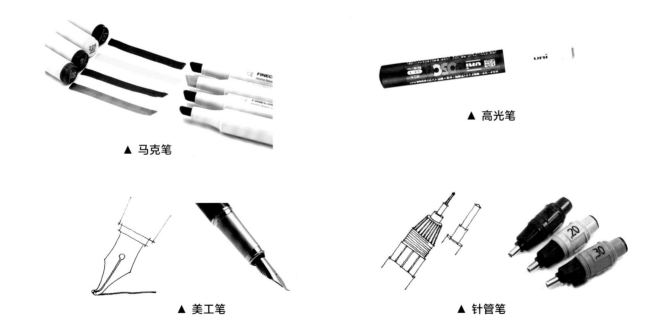

▲ 马克笔

▲ 高光笔

▲ 美工笔

▲ 针管笔

※ 自动铅笔

自动铅笔具有使用便捷的优点，但由于铅芯过细，刻在纸上的笔痕不易擦净，使用时应注意下笔不宜过重。

※ 晨光会议笔

晨光会议笔俗称"小红帽"，具有手感好、易控制等优点，缺点是因笔头材质较特殊而易磨损，常出现笔头磨损严重无法书写的情况，在使用时应注意下笔不宜过重。

※ 铅笔

铅笔的优点是下笔轻重好控制，缺点是使用时需要削铅笔，不是太便捷，较适合打底稿。

※ 双头勾线笔

双头勾线笔拥有粗、细两个笔头，在量房现场绘制平面图时尤为便捷，粗线适合画墙体，细线适合画门窗。

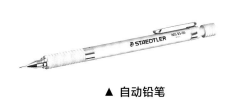

▲ 自动铅笔

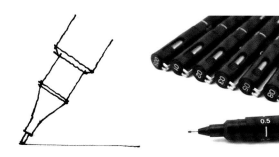

▲ 晨光会议笔

▲ 铅笔

▲ 双头勾线笔

1.1.3 画纸类

※ 复印纸

初学者练习手绘建议使用 A3 或 A4 复印纸。优点是成本低廉，易获得，在设计交流时，复印纸是设计师在公司手绘用纸的首选。缺点是由于复印纸过薄，在使用马克笔上色时容易出现变色、透色等现象。采用略厚一些的复印纸最为适宜。

▲ 复印纸

※ 马克笔专用纸

马克笔专用纸表面光滑，纸张背面有一层蜡膜，上色时不易透色，能够适应马克笔反复叠加。

※ 快题纸

快题纸常见于艺术设计考试使用，因考试时手绘快题内容较多，所以纸张较大，绘图用纸尺寸各院校要求不统一，大家可根据目标院校要求自行准备用纸。

※ 草图纸

草图纸多在方案设计初期手绘使用，纸张较薄，常叠加在 CAD 建筑结构图上使用。

▲ 马克笔专用纸

1.1.4 其他工具

市面上常见的橡皮有 4B 橡皮、蜻蜓橡皮、老人头橡皮等，种类繁多，好用即可，笔者比较推荐蜻蜓橡皮。

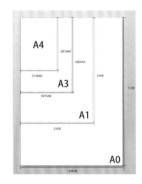

▲ 快题纸

▲ 草图纸

▲ 橡皮

 **1.2　线的画法**

设计手绘中肯定、流畅的线条直接影响画面的效果，手绘时要注意线条在画面中虚实曲直的对比关系，适度合理地丰富画面，控制好画面节奏，避免画面过于呆板。

1.2.1 手绘姿势 7 要素

手绘姿势的 7 个要素：①所画图在左右眼的正下方（精确）；②手腕不动；③以手肘为支点，摆臂成线；④手指握笔不要距离笔尖过近，约笔身 1/3 处即可；⑤笔与线垂直；⑥起笔稳、行笔快、收笔准；⑦起笔重、行笔轻、收笔重。

1.2.2 快直线

※ 横直线

起笔时小回笔，注意起笔要稳。行笔时注意线条挺度，快速果断，忌讳犹豫，收笔时提前 1cm 准备停，停笔准确。

※ 竖直线

手指握笔不要离笔尖过近，约笔身 1/3 处即可，以确保手指预留出较大的运笔空间。手腕不动，手指带动笔自上而下运动，注意下笔肯定、果断，竖直线长度约为 3.5cm，更长的徒手竖线接笔完成更佳。

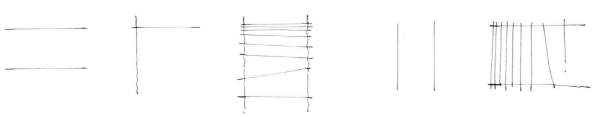

▲ 横直线　　　　　　　　　　　　　　▲ 竖直线

关注并回复
"室内基础 1"观看视频

　　尺寸线练习初期可利用尺子辅助，通过大量的尺寸对比练习形成肌肉记忆，最终达到出手准确的效果，练习尺寸 1~6cm 即可。比例为 1:100、1:75、1:50 等。

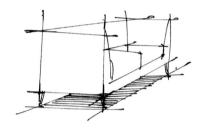

▲ 快直线单体沙发表现

1.2.3 抖线

※ 横抖线

　　线条与笔平行拖动即可，手指自然放松，抖动频率不宜过大，注意大直小曲。

※ 竖抖线

　　在行笔过程中手指可轻微有意左右小抖，注意大直小曲，线条快速流畅，不宜抖动过碎。

▲ 横抖线

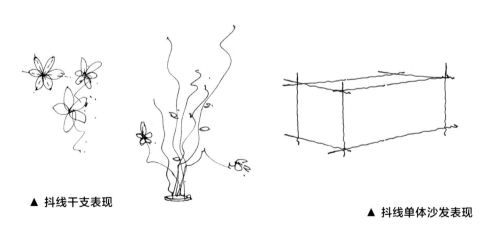

▲ 抖线干支表现

▲ 抖线单体沙发表现

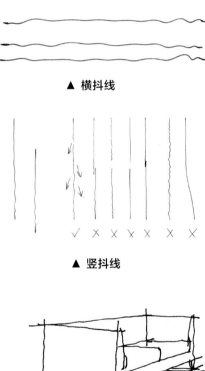

▲ 竖抖线

1.2.4 斜线

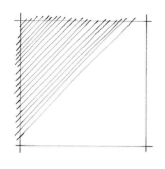

左下至右上
方线条，手不动，
手腕不动，摆臂
向上画。

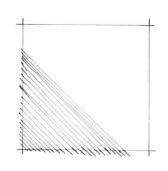

左上至右下
方线条，手腕不
动，手臂不动，
手指动，向下画。

1.2.5 弧线

画弧线时可预先打点定位，大方向确定后连点成线即可。

1.2.6 圆

圆形从方形中切出较为精确，画出中轴线，如果是透视圆要注意灭点方向。

1.2.7 植物线

手绘植物线时笔尖略搭在纸上即可，手指握笔力度略大，手掌与手臂放松以便更好控制笔的走向，注意植物形体的整体把控，线条讲究自然、变化、清晰、流畅。

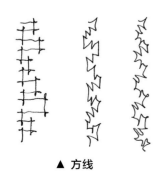

▲ 方线　　　　　　　　　▲ 圆线　　　　　　　　　▲ 尖线

练习时可分解为方、圆、尖三种形式，注意大小凹凸，方、圆、尖的结合与变化，忌僵硬死板。

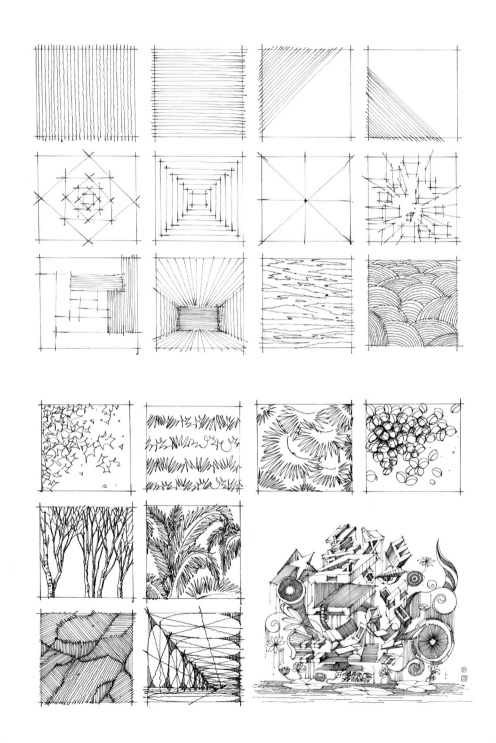

1.3　二维基础：尺寸比例控制

1.3.1 常见平面图、立面图

绘制前应对室内设计尺寸有所掌握（详见 1.6 节"常用室内设计尺寸表"），结合尺寸线的尺度比例精准表现。

 床

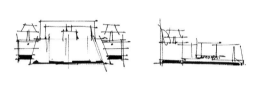 

※ **沙发**

 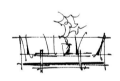  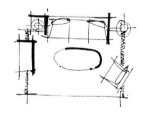

※ **电视柜**

※ **方形餐桌**　　　　　　　　　　　　　　　　　※ **圆形餐桌**

 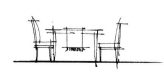 

※ 矮柜

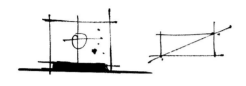

※ 水吧台

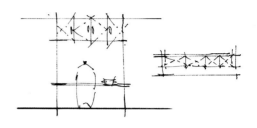

※ 衣柜

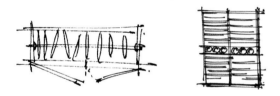

※ 洗手盆

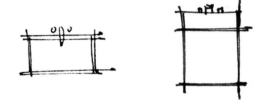

※ 洗菜盆

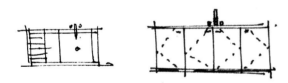

※ 淋浴间

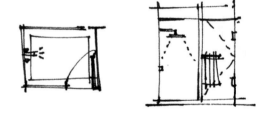

※ 马桶

※ 门窗及墙体

※ **窗帘**

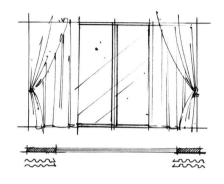

※ **植物**

1.3.2 平面图绘制

　　平面图绘制时应注意尺度比例的控制，注意室内空间与家具的关系、家具与家具的关系，根据材质的不同控制下笔的力度。例如，实墙应下笔重一些，门窗用笔力度适中，门的开启线等虚拟结构用笔轻快。控制好线条的层次感，根据室内物体高度与光源方向强调物体投影。平面图应放置标高图例以表示地面高差，标清墙体尺寸以及地面铺贴材料，标清平面绘制比例以及图名。

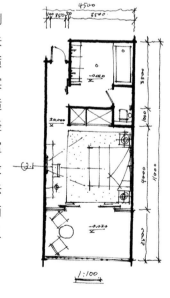

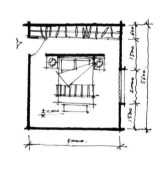

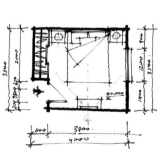

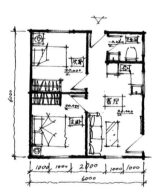

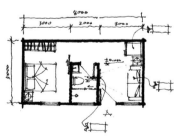

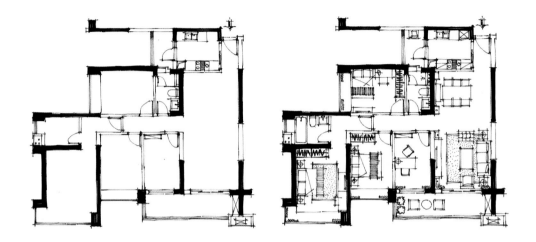

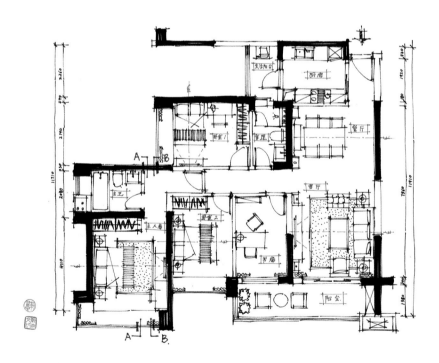

▲ 注：平面图所示 A、B 立面详见 1.3.3 节

1.3.3 立面图绘制

　　绘制立面图时应注意营造空间感与光感，真实反映空间尺度比例，线条流畅。标示清楚尺寸、材料、图名、比例。

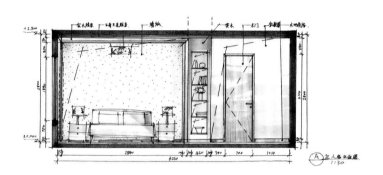

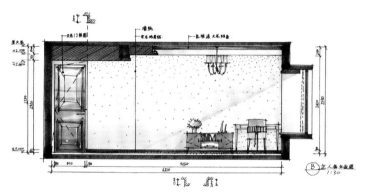

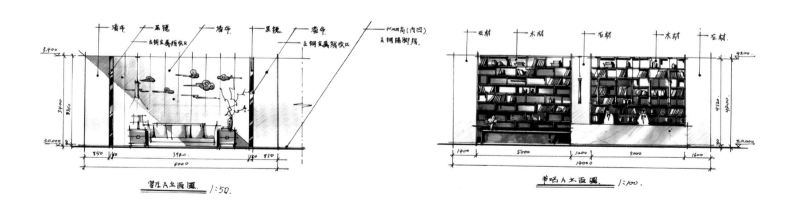

三维基础：透视基础理论

人眼所在的位置称为"视点"，人眼向前看的面称为"画面"，人眼向前看落在画面上的消失点称为"灭点"，灭点左右平移产生的水平线称为"视平线"，画面底边线称为"基线"，视平线上任意一点与基线之间的距离称为"视高"，灭点到人眼之间的距离称为"视距"。

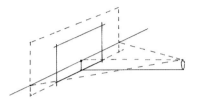

※ 一点透视

一点透视又称"平行透视"，纵深方向只有一个灭点，水平方向与视平线平行，垂直方向与视平线垂直。简单说就是横平竖直，纵深消失于一个灭点上。

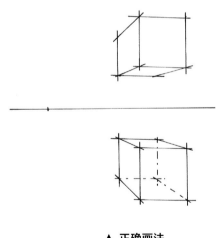

▲ 正确画法

（横平竖直，纵向消失于一个灭点）

▲ 错误画法

（纵向透视线条平行，没有灭点）

绘图时需要注意的是，人眼看物体时会产生视错觉，高与宽绘制相等的正方体看起来低矮、不美观，因此绘制正方体时，高度应比宽度略大一点。

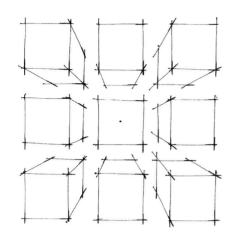 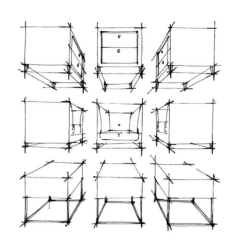

※ 两点透视

　　两点透视又称"成角透视"。在一条水平视平线的两端各有一个灭点，切记两个灭点绝对水平，练习时注意透视线与灭点的关系，竖直方向线条垂直于视平线。

▲ 正确画法

（正方体左右两侧面纵向透视线分别消失于两侧相对应的灭点）

▲ 错误画法

（正方体左右两侧面的纵向透视线条倾斜角度过大，无法准确汇集于灭点）

　　绘图时需要注意的是，人眼看物体时会产生视错觉，高与宽绘制相等的正方体看起来低矮、不美观，因此绘制正方体时，高度应比宽度略大一点。

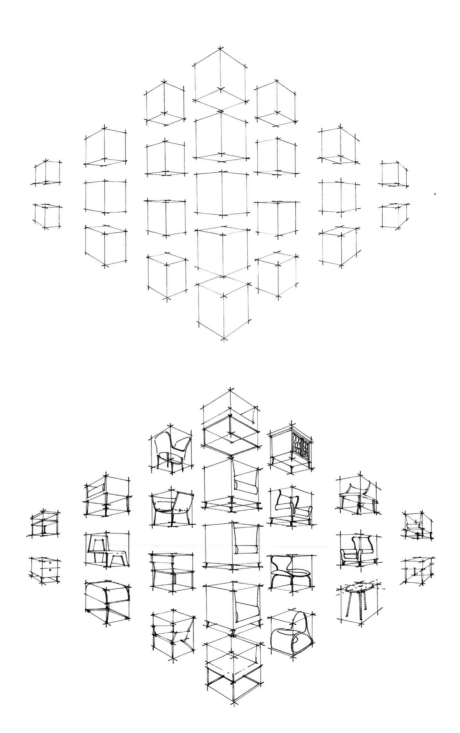

※ 三点透视

三点透视是在两点透视的基础上，在物体上方或下方另加一个灭点。室内手绘常见在物体下方设置第三个灭点产生俯视效果图，相反则产生仰视效果图，竖直方向线消失于此灭点。

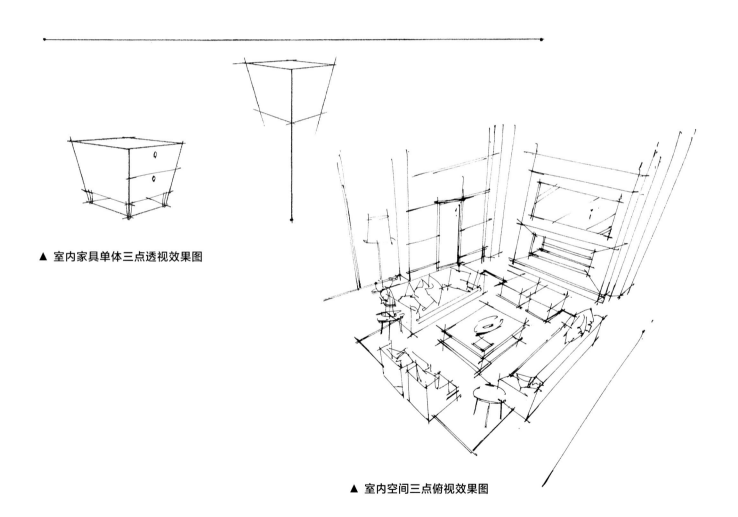

▲ 室内家具单体三点透视效果图

▲ 室内空间三点俯视效果图

1.5 空间速写

　　空间速写主要针对空间的硬装结构作线条以及透视练习，在手绘练习空间速写时不宜画得过大（手心大小即可），注意空间尺度控制，运用简练快速的线条表现空间结构。

※ 一点透视

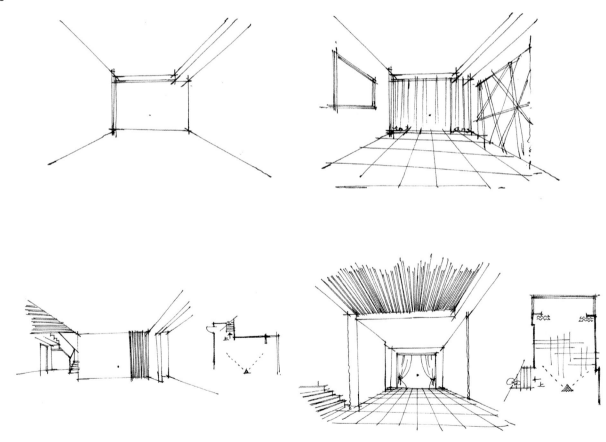

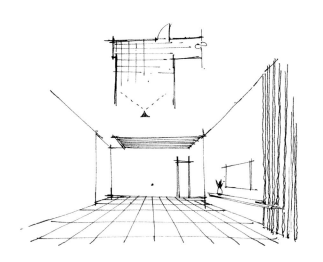

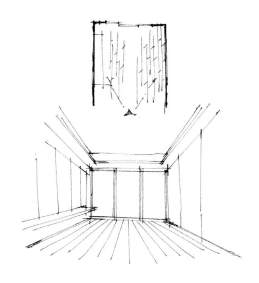

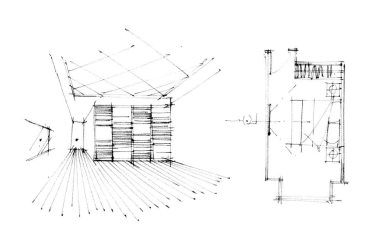

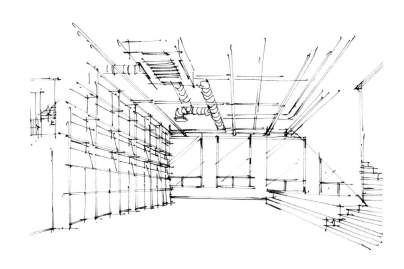

※ 一点斜透视

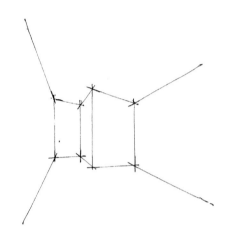

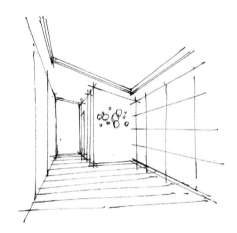

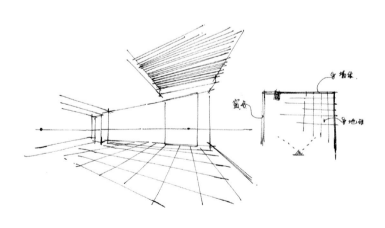

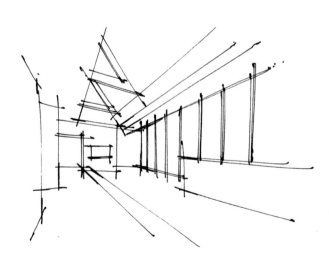

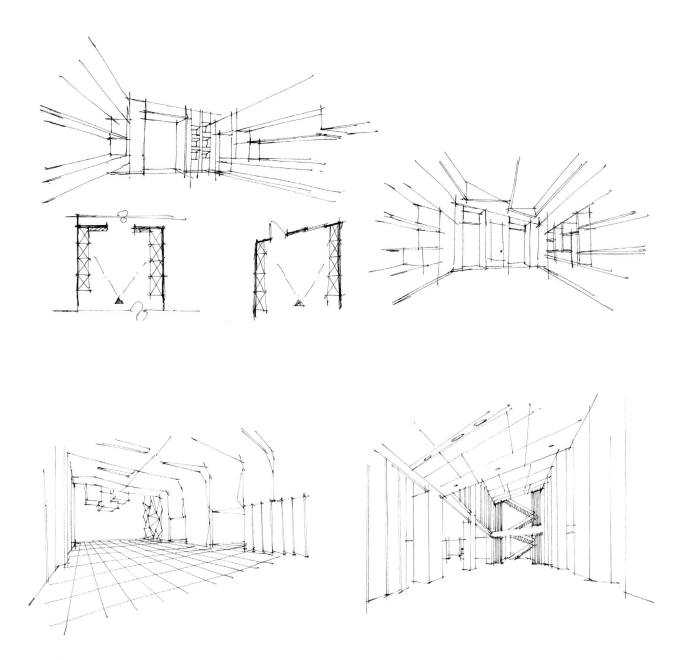

※ **两点透视**

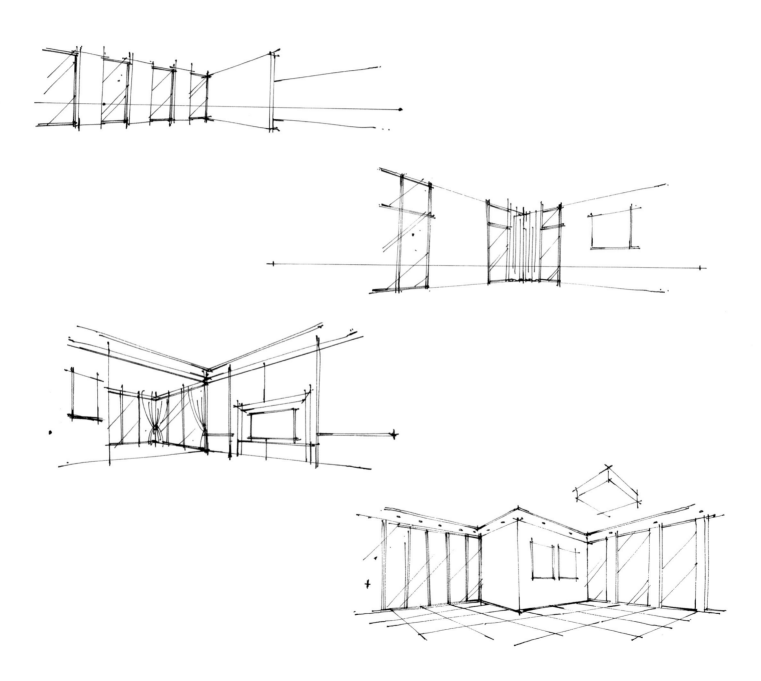

1.6 常用室内设计尺寸表

常用室内设计尺寸表（单位：mm）	
沙发	
单人式	长度 800 ~ 950，深度 850 ~ 900，坐垫高 350 ~ 420，背高 700 ~ 900
双人式	长度 1260 ~ 1500，深度 800 ~ 900
三人式	长度 1750 ~ 1960，深度 800 ~ 900
四人式	长度 2300 ~ 2500，深度 800 ~ 900
茶几	
长方形	小型：长度 600 ~ 750，宽度 450 ~ 600，高度 380 ~ 500（380 最佳） 中型：长度 1200 ~ 1350，宽度 380 ~ 500 或 600 ~ 750，高度 330 ~ 420 大型：长度 1500 ~ 1800，宽度 600 ~ 800，高度 330 ~ 420（330 最佳）
方形	宽度 900、1050、1200、1350、1500，高度 330 ~ 420
圆形	直径 750、900、1050、1200，高度 330 ~ 420
书桌	
固定式	深度 450 ~ 700（600 最佳），高度 750
活动式	深度 650 ~ 800，高度 750 ~ 780

注：书桌长度最少 900（1500 ~ 1800 最佳），下缘离地高度 580

TIPS

合理的家具尺寸对人们的生活至关重要，设置不当，会给使用者带来诸多不便，甚至影响身体健康。室内设计中家具的尺寸、造型及其布置方式应符合人体生理、心理尺度及人体各部分的活动规律，以便达到安全、实用、方便、舒适、美观的目的。室内手绘初学者在绘制空间效果图前，应对室内设计尺寸有所了解，以便更好地控制画面尺度感，使得空间视觉比例和谐，平面图、立面图的尺寸比例要格外注意，但切记手绘空间效果图要以效果为主，视觉尺度合理即可。不宜过于较真。

常用室内设计尺寸表（单位：mm）			
书架	深度 250 ~ 400（每一格），长度 600 ~ 1200	房门	宽度 800 ~ 950（医院 1200），高度 1900、2000、2100、2200、2400
高柜	深度 450，高度 1800 ~ 2000（活动未及顶高柜）	卫生间门 厨房门	宽度 800、900，高度 1900、2000、2100
吊柜	高度 1450 ~ 1500，离操作台距离 600	窗帘盒	高度 120 ~ 180，深度 120（单层布）、160 ~ 180（双层布）
衣柜	深度 600 ~ 650，柜门宽度 400 ~ 650	马桶	370×600
矮柜	深度 350 ~ 450，柜门宽度 300 ~ 600	正方形淋浴间	800×800
电视柜	深度 450 ~ 600，高度 600 ~ 700	浴缸	1600×700
餐椅	高度 450 ~ 500	挂镜线	高度 1600 ~ 1800（画面中心离地高度）
圆形餐桌	高度 750~790 直径：二人 500、三人 800、四人 900、五人 1100、六人 1100 ~ 1250、八人 1300、十人 1500、十二人 1800	踢脚板	高度 80 ~ 200
方形餐桌	高度 750~790 长度×宽度：二人 850×700、四人 1350×850、六人 1500×850、八人 2250×850	墙裙	高度 800 ~ 1500
餐桌转盘	直径 700 ~ 800	主通道	宽度 1200 ~ 1300
餐桌间距	间距应大于 500（其中座椅宽度 500）	内部工作通道	宽度 600 ~ 900
酒吧台	高度 900 ~ 1050，宽度 500		
酒吧凳	高度 600 ~ 750		
单人床	宽度 900、1000、1200，长度 1900、2000、2100		
双人床	宽度 1500、1800、2000，长度 2000、2100		
推拉门	宽度 750 ~ 1500，高度 1900 ~ 2400		

第 **2** 章

上色技法

墨线投影画法

2.1.1 平铺投影

平铺投影时应注意排线的疏密变化，忌死板、无变化，分析物体投影区的光影变化，控制好间接受光与完全背光的细节处理，根据地面的材质确定排线方向，一般地板多采用水平排线，地砖因反光感较强，多采用竖直排列投影线以突出地面材质的特性。

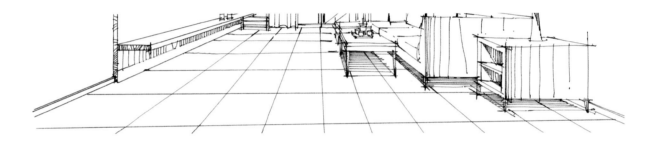

投影自内向外逐渐稀疏，从而增加投影自身变化，同时投影的暗处与座椅侧边的对比度可拉开二者在空间上的前后关系（图1）。

在竖向排列投影时，应注意投影与物体重合部分的对比关系，在增强对比的同时，适度运用"Z"字笔触以增强变化，避免呆板（图2）。

在绘制两点透视物体投影时，应注意由投影中心向两侧过渡，顺着透视方向，由密集向稀疏排布（图3）。

▲ 图1　　　　　　　　　▲ 图2　　　　　　　　　▲ 图3

2.1.2 速涂投影

　　速涂投影画法因其绘制速度快而被广泛运用在方案手绘中，速途投影时注意运笔速度由慢至快，线条由密集至稀疏，注意下笔力度由重至轻，忌停顿和渐变不流畅。

 2.2 　马克笔与彩铅应用技法

2.2.1 马克笔应用技法

　　马克笔是设计手绘中常见的上色工具，上色速度快、速干是其最大优势。使用时最重要的两点：一是"快"，二是"准"。

※ 平直线

利用马克笔笔头的特殊形状绘制四种不同粗细的线条，忌线条柔软、边缘不肯定。

▲ 正确画法　　　　　　▲ 错误画法

※ 扫线

快速起笔，快速行笔，头尾平齐，忌变形、有重头和弯曲变形。

▲ 正确画法

▲ 错误画法

※ 色阶

运用行笔速度与下笔力度控制马克笔的颜色轻重。

※ 排笔

起笔稳，行笔快，收笔准（图1）。

线条边与面侧边平行，平直画线（图2）。

线条边与面侧边平行，左右对应扫线，忌重叠（图3）。

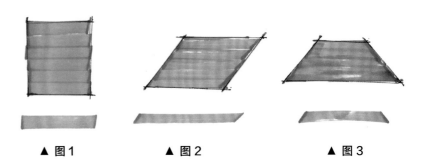

▲ 图1　　　　　▲ 图2　　　　　▲ 图3

※ "Z"字和"N"字笔触

　　用笔放松，不要太拘谨，下笔即走，停笔立即抬起，收笔准。第二次叠加颜色要等第一遍颜色干透再加为宜。注意色阶过渡要自然顺畅。常见笔法有"Z"字笔触和"N"字笔触。

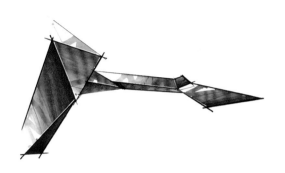

※ 干画法

　　在干画法铺色时要等底色干透再叠加第二层颜色，注意色阶渐变。

※ 湿画法

　　湿画法是在底色未完全干透的情况下快速湿涂，同时控制速度与力度，速度慢、下笔重则颜色深，反之则颜色浅，注意渐变顺畅。湿画法的特点是绘制速度快，练习时注意边缘收齐，不要涂过。

※ 点

手绘效果图离不开点、线、面三大构成元素，在马克笔上色时适度打点可以丰富画面，使图面更加松弛从而增强图面效果，打点时注意点的大小和疏密，不宜过多，适度湿涂，注意排笔的变化与节奏，要与周围环境融为一体。

2.2.2 彩铅应用技法

※ 彩铅

马克笔中含有水分与酒精，因此彩铅以选用水溶性彩铅为最佳。水溶性彩铅溶于马克笔，两者相互叠加可使色彩更加艳丽和谐。彩铅在使用时可轻旋笔头使用，锋利面与纸面贴合排细密线条，可从密到疏、从重到轻，也可从疏到密、从轻到重，忌平涂，控制好力度且注意疏密变化。

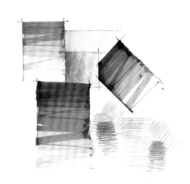

※ 马克笔 + 彩铅

马克笔结合彩铅使用时，建议先使用马克笔铺底色，再叠加彩铅，这是因为马克笔上色速度快，便于快速铺底色，更容易控制整体色调，而彩铅上色较为细腻，更适合表现环境色和色彩过渡，马克笔（尤其是浅色马克笔）叠加彩铅容易脏，因此后上彩铅还可以避免弄脏马克笔笔头，但后上彩铅也会因马克笔酒精挥发已干，使得水溶性彩铅不能很好地溶于马克笔，这可通过彩铅细腻的上色笔法、转笔过渡排线等来达到二者的自然统一。

2.3 黑色马克笔应用技法

　　为增强室内设计手绘的空间层次及光影效果，设计师经常运用黑色马克笔以增强画面对比。黑色常见于空间不受光的暗处，如投影、家具底部、明暗交界线、工业吊灯、植物暗部、砖缝、地板缝隙以及镜面等高反光材质中。在运用黑色马克笔时需要注意适量点缀，以免影响画面层次感，同时也要注意明确光源方向。

2.4 高光笔应用技法

　　高光笔常在手绘作品接近尾声时使用，用于提高受光物体受光面亮度，增强画面明暗对比效果。与黑色马克笔一样，高光笔不宜在画面中出现过多，多见于整个画面最亮的部位或明暗交界线处，使用时应注意高光提亮要饱满肯定，不宜过脏，忌含糊不清。

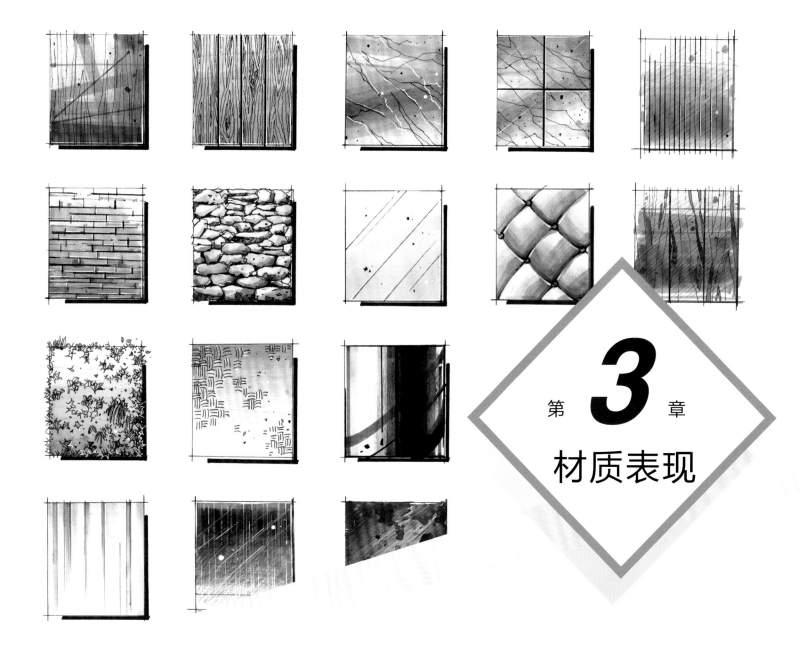

第 **3** 章

材质表现

3.1　材质上色基础

　　手绘效果图需表现的材质主要包括木材(木条、木板、木地板)、石材(石材拼贴墙面、墙面、碎石墙)、玻璃、金属(拉丝不锈钢、铁锈板)、竹材(竹编)、布料(软包、窗帘)等。

　　在材质处理时，因不同物质的质感、触感、色彩不同，在马克笔表现时应注意其主要特质。例如，玻璃的清澈、透亮、坚硬、上下的光感变化都要充分考虑，上色不宜太厚，可采用湿画法渐变快速平推。

3.2 **空间材质表现进阶**

3.2.1 天花

乳胶漆天花吊顶绘制时，用马克笔表现反光，彩铅上环境色，注意上色不宜过满，适度留白。

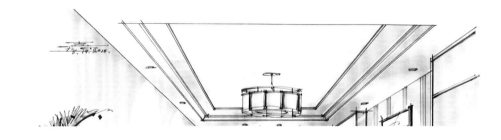

乳胶漆天花吊顶绘制时，用马克笔湿画法表现反光，暖黄彩铅上灯带颜色，注意颜色过渡自然。

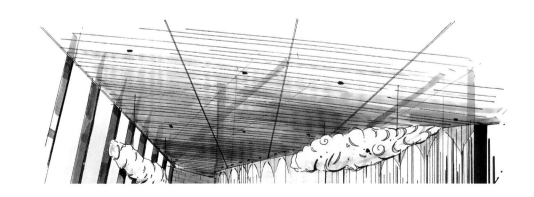

木质天花吊顶绘制线稿时，应近疏远密、时断时续，上色时远处留出反光，中间略重，近处虚化，加适度增加反光笔法处理。

木质坡屋顶绘制时，注意
暗处与板材接缝处应加重刻画，
忌平涂，注意进深层次。

格栅天花吊顶绘制时，注
意着重刻画缝隙处，同时适度
处理格栅反光。

工业风天花吊顶绘制时，
用冷灰马克笔干画法铺色，笔
触肯定果断，黑色马克笔强调
重色，注意刻画管道在天花上
的投影，画面整体丰富，适度
留白，边缘虚化少上色，主要
刻画天花视觉中心。

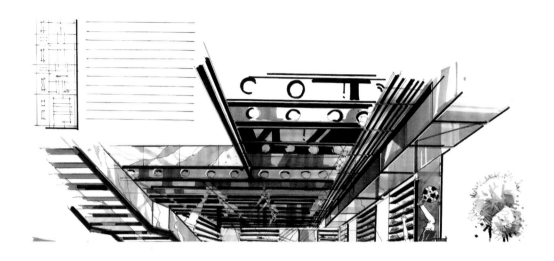

　　工业风天花吊顶绘制时，用蓝灰马克笔湿画法铺底，干画法刻画，笔触肯定果断，黑色马克笔强调重色，绘制投影，注意刻画高光泽金属材质的反光，适度留白。

　　黑色镜面玻璃天花吊顶绘制时，注意接缝处的对比与刻画，黑色马克笔勾缝，高光笔提亮，根据吊顶下方物体的色彩绘制吊顶反光环境色，用笔忌规整，上色应灵活变化。

3.2.2 地面

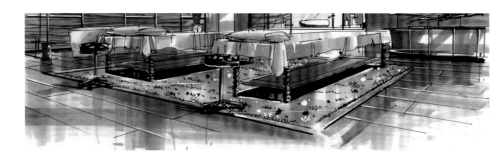

实木地板地面绘制时，用湿画法铺底色，注重光感的刻画，注意地面物体与地面反射色彩之间的光影关系，用彩铅过渡，地面物体投影用黑色加重。

地砖地面绘制时，注意光感刻画，主要强调砖缝与地面物体投影刻画，用湿画法运笔速涂，彩铅过渡，地面投影用干画法快速肯定绘制。

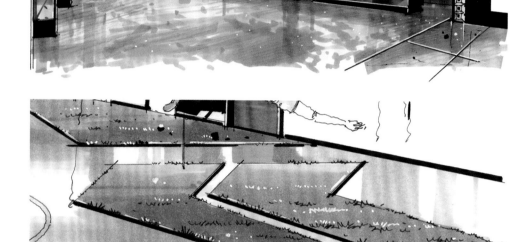

地毯地面绘制时，用墨线在地毯边缘破一些毛边笔触，上色松散灵活，马克笔侧用，笔触平实，时密时疏，适度刻画光感，地面物体投影不宜过强，彩铅过渡略微交代即可。

自流平地面绘制时，用湿画法运笔速涂，彩铅刻画光感，注意地面对比关系，颜色要和谐自然，远处虚，中间相对较重，近处用笔松弛。

草地绘制线稿时，应用碎草线适度打破，使视觉中心草略高、密集，四周草线细小、稀疏，上色时需湿涂，注意渐变，不要涂色过多。

3.2.3 立面

乳胶漆墙面绘制时，颜色不宜过重，注意面的转折处理，多使用灰色系颜色，注意刻画光感，适当加黑色彩铅进行细部刻画。

　　乳胶漆墙面绘制灯光时，用马克笔扫笔的方法画出灯光范围，周围暗处自上而下渐变加色，灯光照射范围加少许暖黄彩铅过渡，忌用黑色勾线笔勾勒灯光轮廓。

　　木质背景墙绘制时，应注意光感的刻画，下笔果断，缝隙加重，突出高光。

　　大理石背景墙绘制时，注意石材表面光感的刻画，马克笔湿涂，推笔，适度留白。

酒店前台接待处拼接屏风背景墙绘制时，应注意光感变化。

大漆工艺立面装饰墙绘制时，用马克笔湿画法整体渐变铺色，待底色干后，加深一色号，再加少许彩铅过渡，注意面的转折与暗部处理。

屏风绘制时，上色不宜过满，格栅应用黑色细笔与高光笔提出层次感，注意格栅的疏密变化。

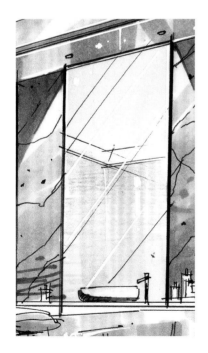

镜子绘制时，上色应用颜色清澈的马克笔以湿画法铺底，加少许彩铅刻画反光环境色，注意反光刻画不宜过实。

墙布绘制时，用湿画法渐变铺色，颜色不宜过深。

立面玻璃绘制时，用湿画法渐变铺色，适度留白，加少许彩铅过渡。

立面玻璃绘制时，用湿画法渐变铺色，适度留白，玻璃后面的物体用扫笔方法刻画线条，不宜过实。

立面透明玻璃绘制时，远景用灰绿色表示植物，形状不宜过于具体，绘制窗外天空侧用笔，白云自然留出。

立面书架绘制时，注意光感，黑色压投影，受光面颜色平铺，颜色不宜过重，书架中布置饰品。

木饰面墙绘制时，需注意整体铺色。

植物墙绘制时，首先要着重掌握植物线画法，运用植物线围出植物墙轮廓，用湿画法渐变上色。

石材墙面绘制时，用马克笔湿画法铺底色，下重上轻，注意接缝处的刻画，用深、浅灰色马克笔刻画石材肌理，用彩铅刻画光感及环境色。

铁皮材质绘制时，注意用马克笔表现光感，颜色不宜过多。

第 **4** 章

元素积累

4.1 家具表现基础

在室内空间透视效果图中，常见两点透视单体，绘制时应明确灭点，可将复杂单体简化为方体，再由方体骨架演变出家具单体。绘制时要以家具的实际尺寸为依据，注意家具的线条虚实、曲直变化。

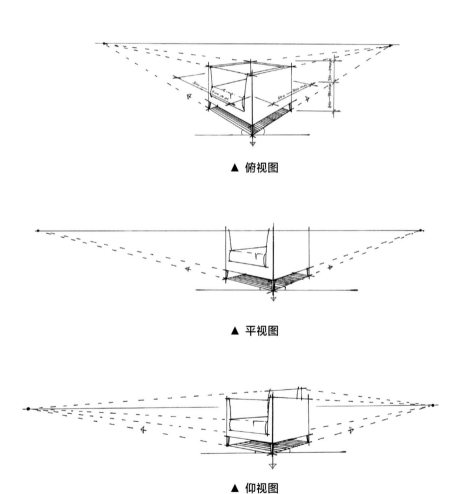

▲ 俯视图

▲ 平视图

▲ 仰视图

　　室内家具因风格不同，形体千变万化，但再复杂的形体都离不开初始方体的基本形态。方体好比家具的骨架，在骨架结构准确的基础上加以材质细化即可。

　　绘制家具时空间想象力尤为重要，初学者要充分理解结构，日常练习中可以观察一把椅子的正面画出 3/4 侧面，观察侧面画出俯视图，观察俯视图画出仰视图。用图形加联想的方法锻炼空间想象力，能帮助理解结构，从而掌握透视在设计中的运用。

4.2 家具陈设单体表现

关注并回复
"室内基础2"观看视频

▲ 椅子、单人沙发

▲ 椅子、单人沙发

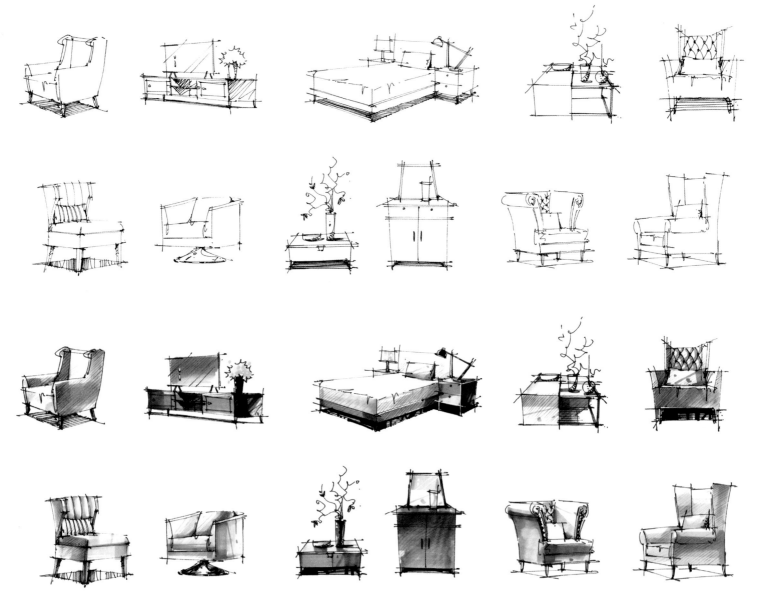

▲ 单人沙发、电视柜、茶几、边柜、床

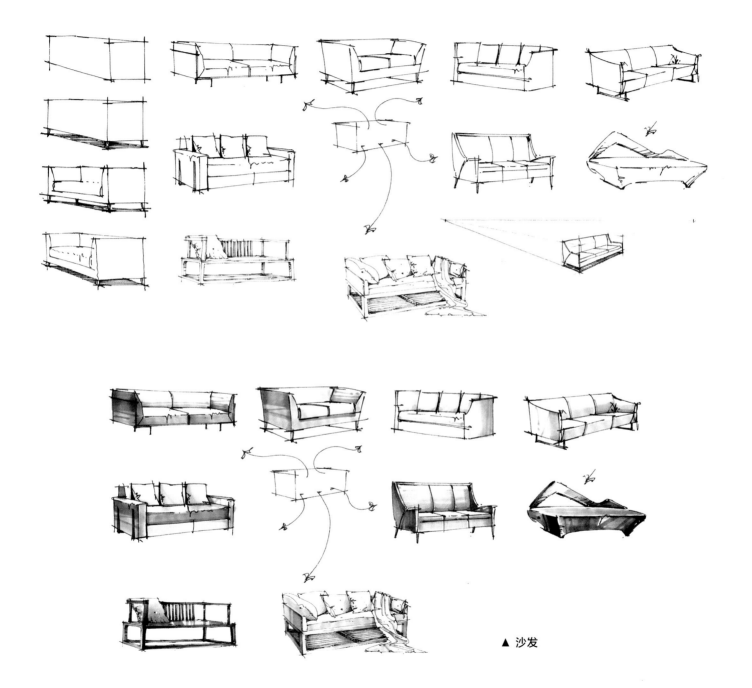

▲ 沙发

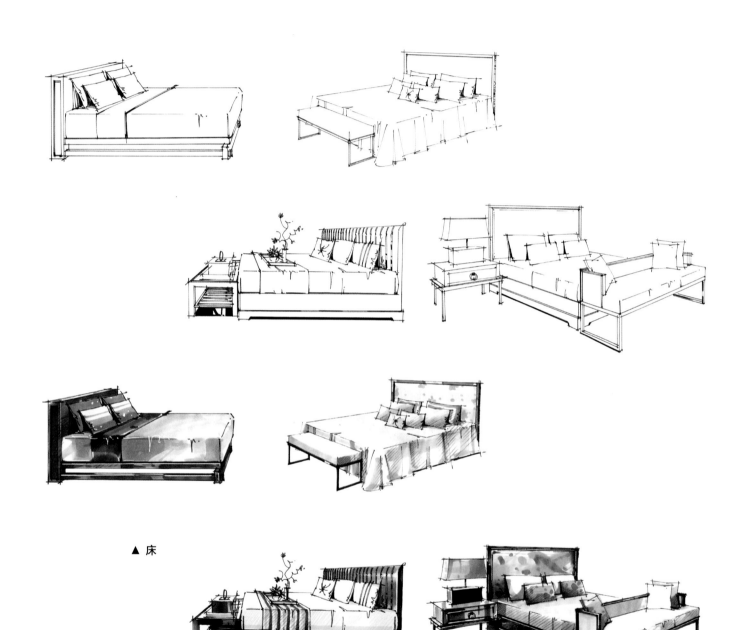

▲ 床

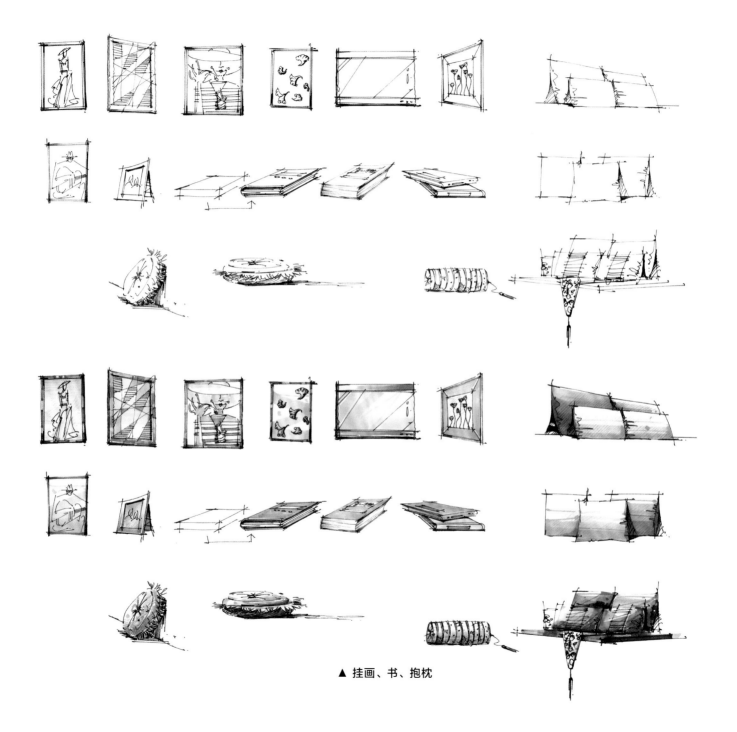

▲ 挂画、书、抱枕

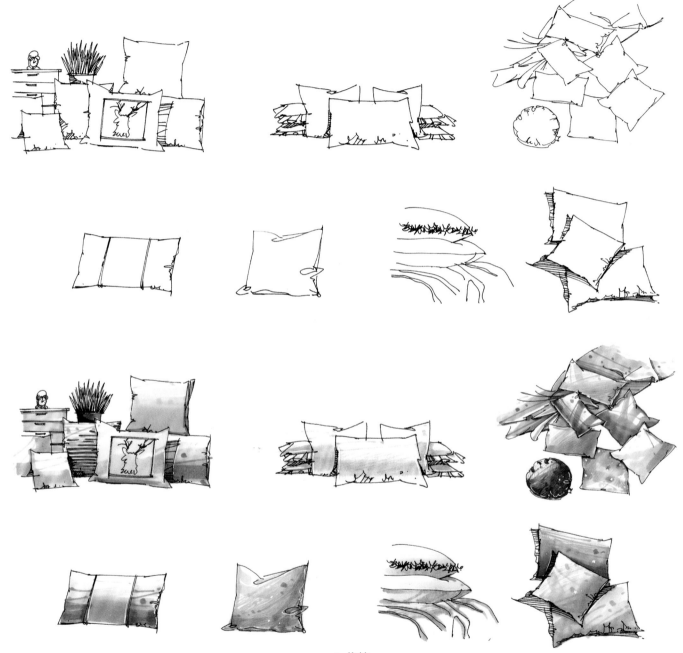

▲ 抱枕

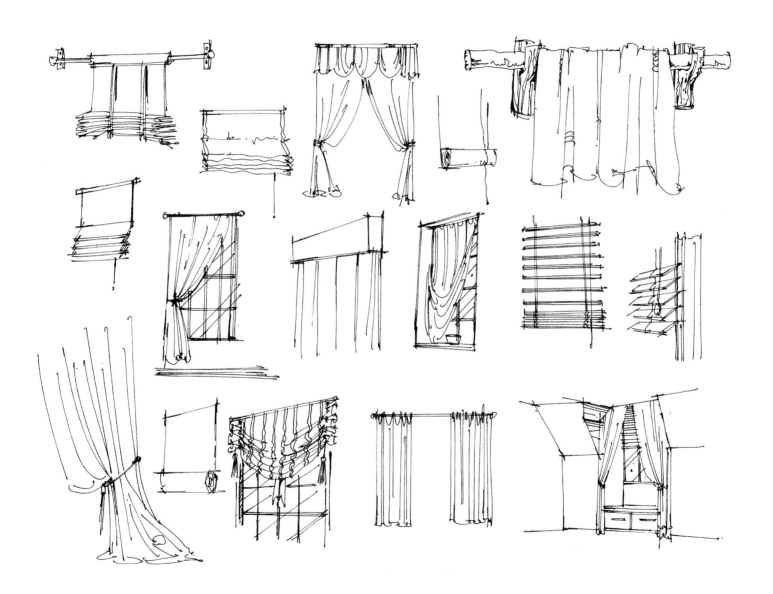

▲ 窗帘

▲ 陈设饰品

▲ 桌面植物

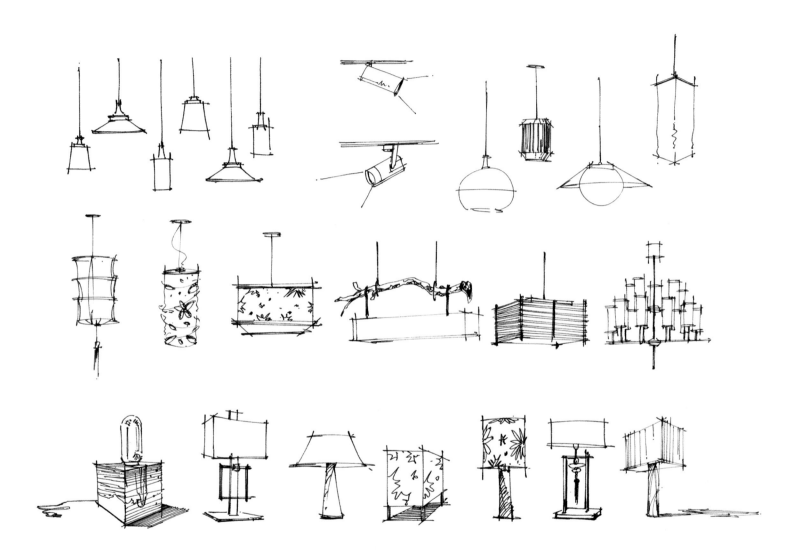

▲ 吊灯、台灯

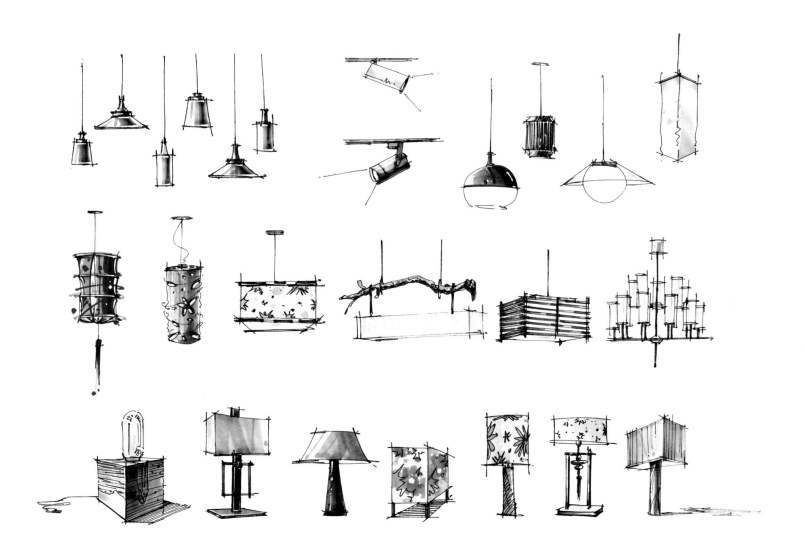

▲ 吊灯、台灯

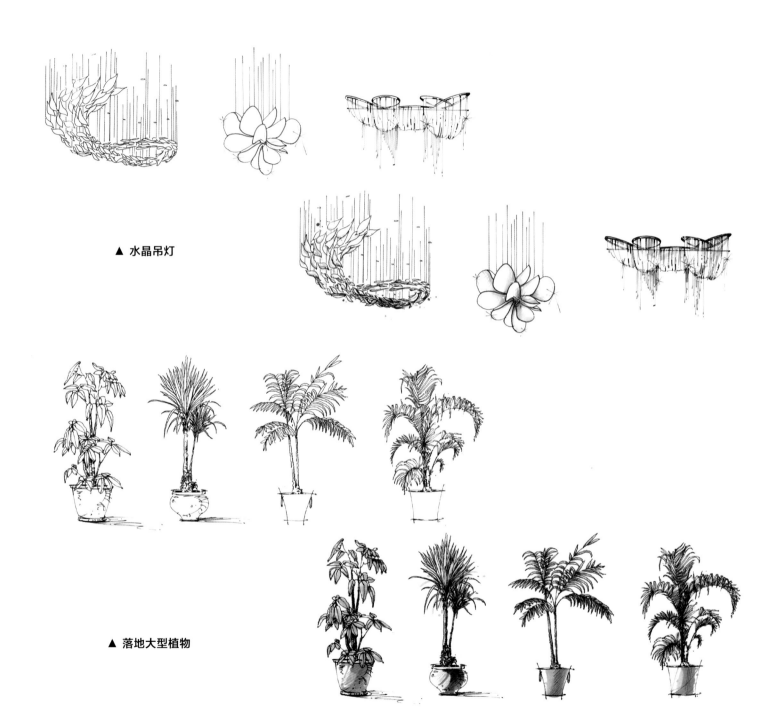

▲ 水晶吊灯

▲ 落地大型植物

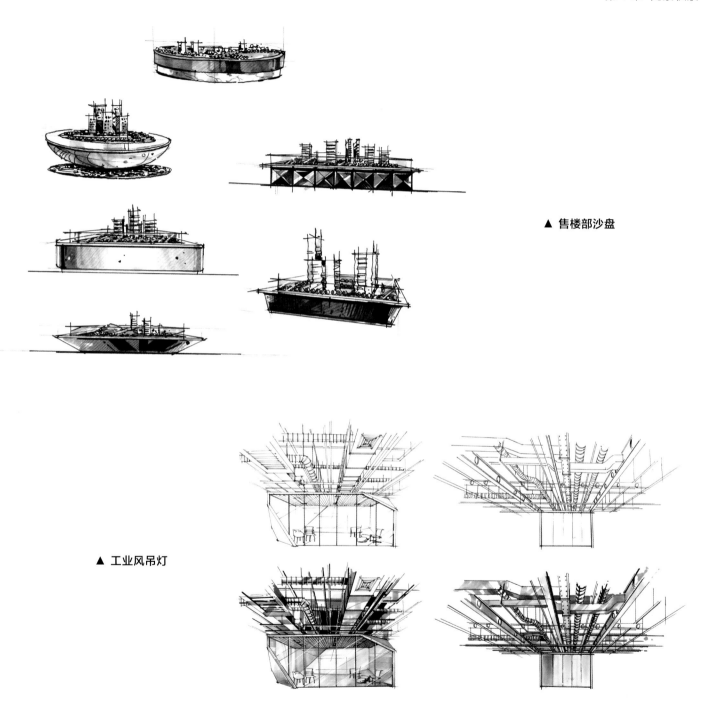

▲ 售楼部沙盘

▲ 工业风吊灯

4.3 家具陈设组合表现

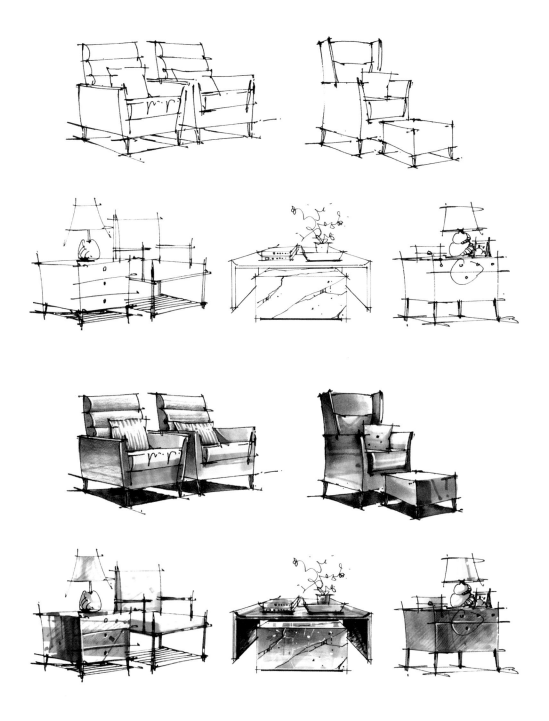

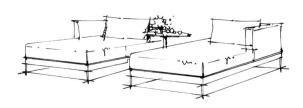

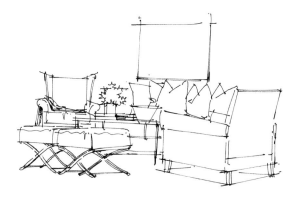

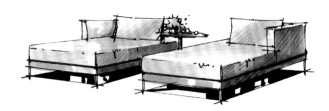

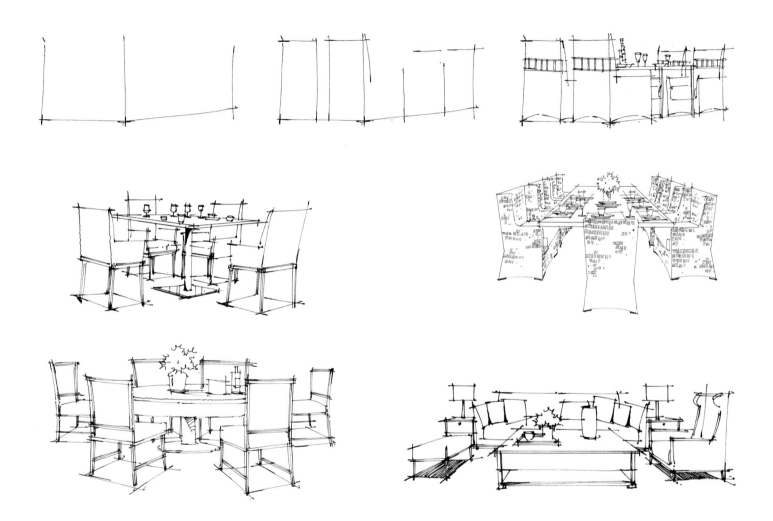

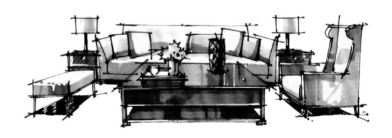

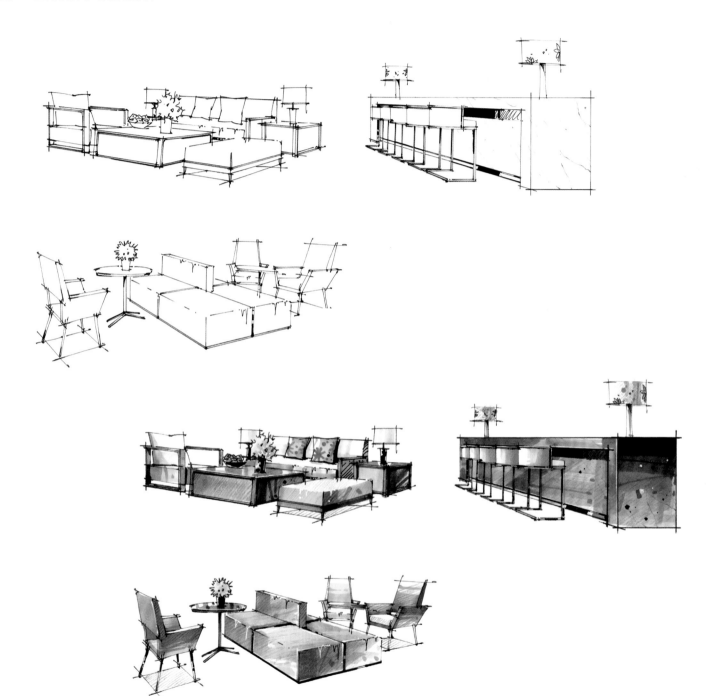

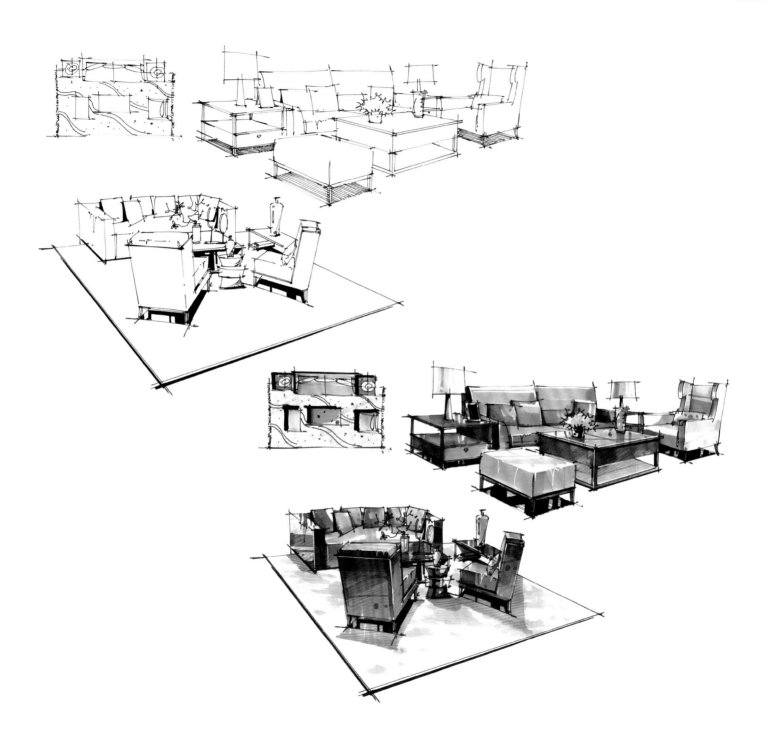

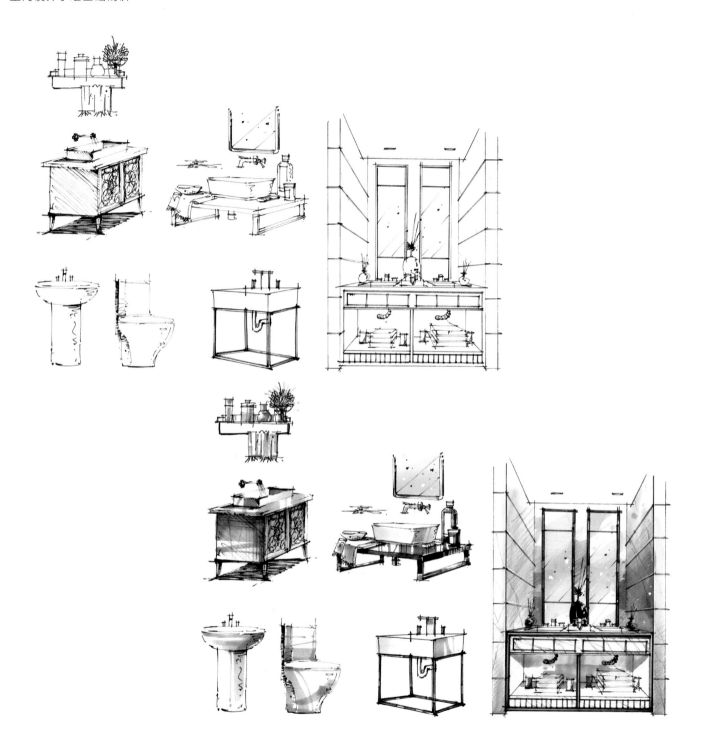

4.4　人物、汽车表现

4.4.1 人物表现

　　人物是空间中常见的配景之一，主要起到烘托空间氛围、对比空间尺度感等作用，可以活跃空间，避免出现过于沉闷、没有生机的现象。

　　在设计手绘中重点应放在空间方案优化、推敲，人物配景不必花费过多时间刻画，形体简练概括，注意人物大动态，比例合理即可。人物配景遵循以人头长为单位"站七半、坐五、盘三半"的尺度比例，全身站姿表现为 7.5 头长，坐姿表现为 5 头长，盘坐姿表现为 3.5 头长，绘图时应牢记。

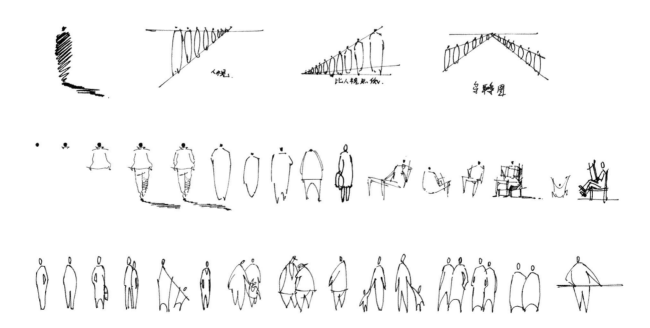

服装专卖店人模绘制时，注意大动态，可根据画面适度把人物画得略高一些，为了美观可夸张为九头身。

 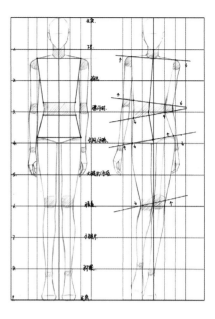

4.4.2 汽车表现

车展中的小汽车绘制时，注意运用方体的透视理论画法延伸出汽车几个形态，再切出汽车形体。

第 5 章

空间表现

5.1 空间透视理论

5.1.1 一点透视

一点透视画法是室内手绘效果图表现中常采用的构图视角，优点是可以体现出空间的五个面，展示的设计内容相对较多，因其只有一个消失点画起来相对快速。缺点是一点透视空间只有纵向线条消失于一个消失点，横向线条与竖向线条垂直，所以比较规矩。

一点透视构图，忌过于饱满，A3 纸四边各预留 2cm 边框，A4 纸预留 1cm 边框。

视平线是人眼看到画面上所形成的灭点左右平移产生的水平线。在手绘室内空间效果图中，视平线常被定在纸张中线以下，约为整张纸下方的 1/3 处。

如图 1 所示，空间层高为 3000mm，基线设置在视平线以下 1000mm 处。绘制大型室内空间（如商场、酒店大堂、售楼处等）时，视平线设置更低，约 600 ~ 850mm，通过压低视线的方法在视觉上得到更为宏大的空间感。

灭点是人眼向前看落在画面上所形成的消失点。灭点是视平线上的任意一点，一点透视有且只有一个灭点。

如图 2 所示，空间高 3000mm，宽 6000mm，画出内墙，通过灭点连接内墙四角形成延长的墙角线，确定一点透视空间的五个面，即天花、地面、左侧墙面、右侧墙面、正面内墙。

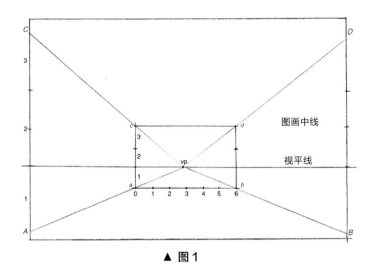

▲ 图 1

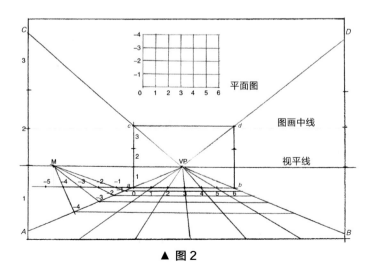

▲ 图 2

在内墙基线处确定空间宽度尺寸，通过灭点连接基线上的尺寸点作延长线，得到透视空间中地面的宽度尺寸。

如图 3 所示，房间进深方向尺寸为 4000mm，在基线左侧作辅助线，尺寸比进深方向所给尺寸多出 1000mm，在多出的 1000mm 处取中点，垂直向上相交于视平线得到测点 M，通过测点 M 作延长线，当延长线穿过基线延长线上的 −4 时，延长线相交于透视踢脚线得到 −4 的准确数据，以此类推得出空间的近大远小的准确进深数据。

根据地面的准确数据可以反推出墙面与天花的准确尺寸，以便于确定墙面装饰与天花吊灯的准确位置。

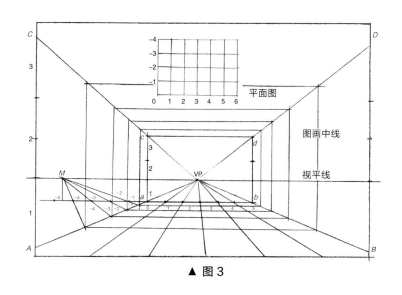

▲ 图 3

※ 范例一

第一步：分析画面中的沙发、茶几、电视柜等物体平面布置关系，确定物体正投影位置。

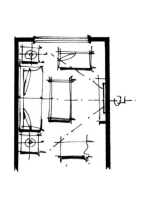

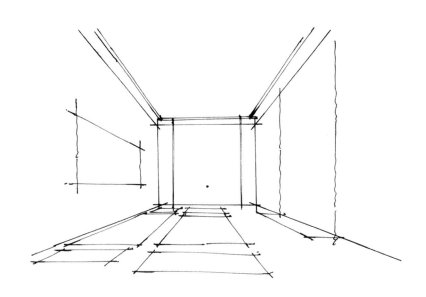

第二步：通过地面物体的投影位置与内墙高度，确定沙发、茶几、电视柜等物体高度，并画出体块关系。

第三步：室内空间与家具位置大致确定后，在体块基础上绘制家具形体，画出物体投影。

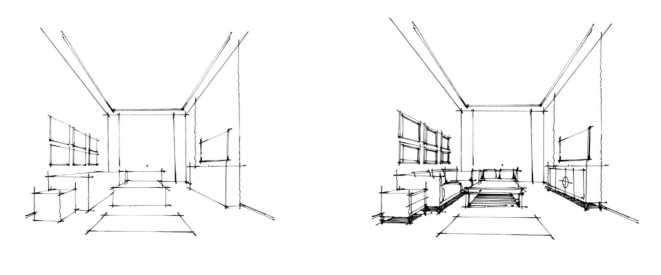

第四步：画出图中软配细节，完成。绘制时注意家具之间的尺度关系与比例。

※ 范例二

第一步：画面四周预留一指宽边框，在中线以下确定视平线位置，确定内墙高宽，在视平线以上确定灭点位置，通过灭点连接内墙角形成墙角透视线。

第二步：运用平面投影的方式确定画面中家具位置，确定电视背景墙位置，注意地面家具与电视背景墙的呼应关系。

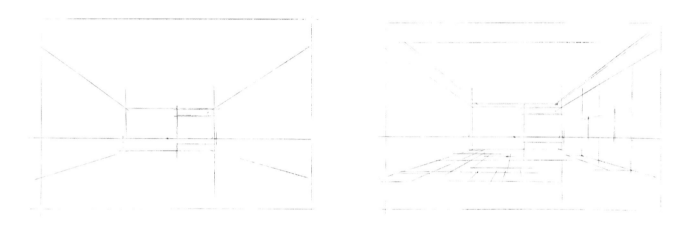

第三步：地面家具通过投影立起来，室内家具等物体的高度应参照灭点高度与整体空间高度。

第四步：调整画面，画出地面砖缝与物体投影。

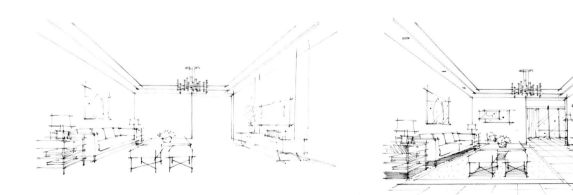

第五步：马克笔结合彩铅上色完成。

※ 范例三

第一步：确定视平线与内墙位置，视平线定在画面下方 1/3 处，确定视觉中心桌子的平面投影，注意桌子与四周物体的距离关系。

第二步：从视觉中心的桌子入手上墨线，注意桌子的轴心关系，椅子应围绕桌子轴心布置，注意吊灯与桌子的上下呼应关系。

第三步：画出细部结构线，线稿完成。

第四步：马克笔结合彩铅上色，注意刻画墙面光感。

4

关注并回复
"室内14"观看视频

5.1.2 一点斜透视

一点斜透视与一点透视视角相同，可以看到空间的五个面，但相比一点透视，一点斜透视多了一个侧面灭点，从而产生上下两条线倾斜消失于测点，透视效果更为活泼、强烈。

如图 1 所示，首先在纸张下方 1/3 处定出视平线，再定出灭点所在位置，接着定出内墙面位置，最后通过灭点连出墙角踢脚线。

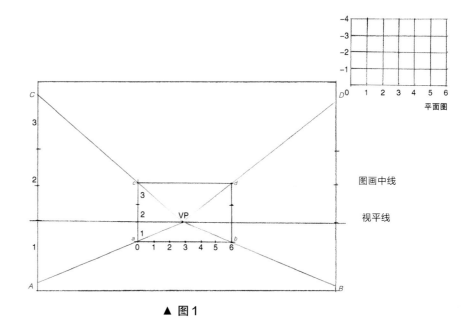

平面图

图画中线

视平线

▲ 图 1

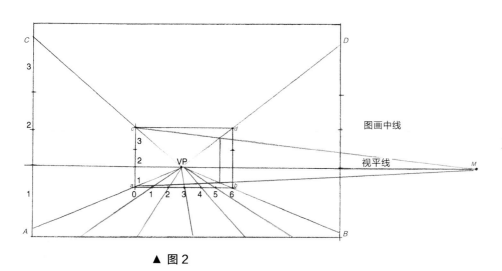

图画中线

视平线

如图 2 所示，在视平线的一端远处定出测点，并将内墙上下两条边线倾斜连接至测点 M。

▲ 图 2

如图 3、图 4 所示，与一点透视原理相同，确定出空间尺寸数据，并将天花、地面水平方向线条倾斜连接至测点 M。

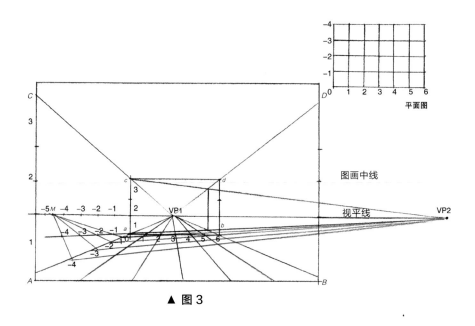

▲ 图 3

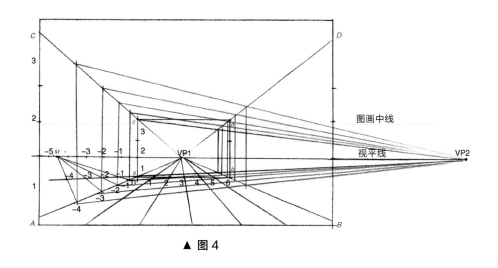

▲ 图 4

※ 范例一

第一步：在纸张下方 1/3 处确定视平线高度，确定灭点与测点，画出墙角线。灭点靠近一侧墙体视角小，展示内容较少。

第二步：在空间结构确定基础上，绘制室内接待台与陈设配饰。此时结构准确可直接上墨线绘制。

第三步：线稿完成，调整画面。

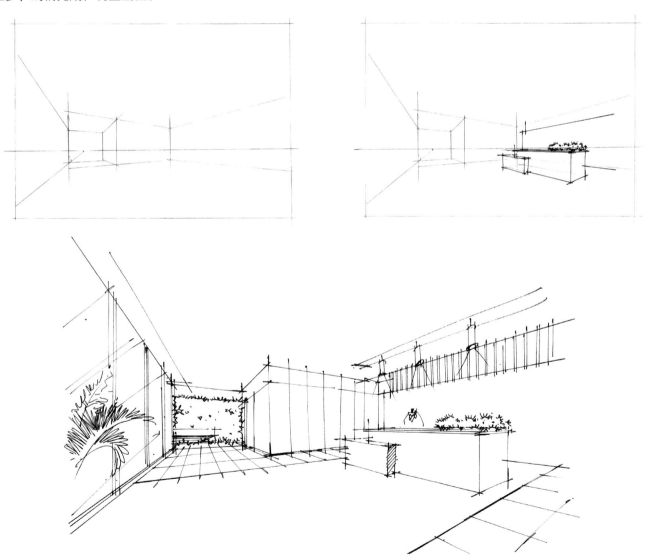

第四步：马克笔结合彩铅上色，着重刻画光感与投影，注意远处植物墙上的光影变化，忌平涂，前台接待背景墙木格栅缝隙加重。

关注并回复
"室内 6"观看视频

※ 范例二

第一步：酒店大堂空间较大，视平线定在画面下方 1/4 处，确定一点斜透视两个灭点位置，再根据灭点确定透视线。

第二步：明确画面中接待台、柱子等细部结构。

第三步：钢笔线稿完成。

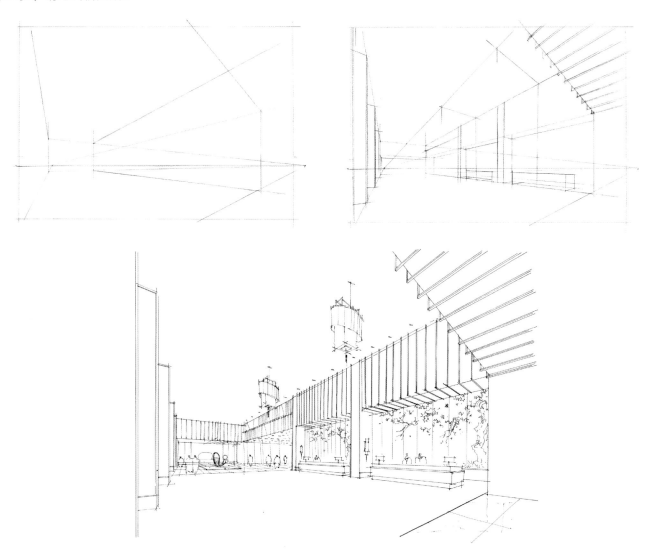

第四步：马克笔结合彩铅上色完成，注意天花上色不宜过多。

※ 范例三

第一步：视平线在画面中线以下，确定空间大体结构与透视线。

第二步：确定茶室桌椅前后关系与位置。

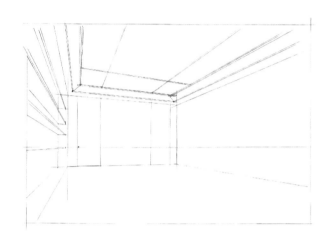 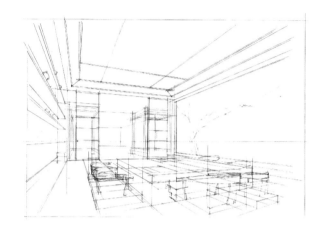

第三步：空间细部进行整体深入刻画，注意视觉中心的处理，远处忌画得过于详细。

第四步：钢笔线稿完成。

 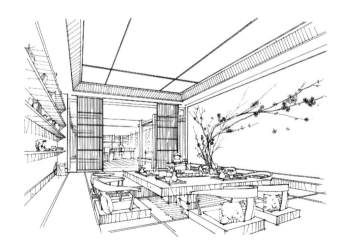

第五步：马克笔结合彩铅上色完成。

关注并回复
"室内35"观看视频

5.1.3 两点透视

两点透视又称"成角透视"，因其在视平线左右两侧各有一个灭点而得名。两点透视可以看到四个面，因此空间视觉灵活生动。

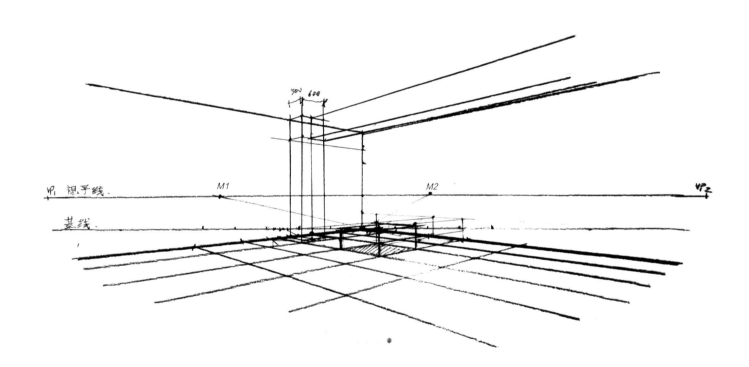

※ 范例一

第一步：确定视平线，在视平线上定出左右两侧灭点，且两个灭点在同一视平线上，定出左右两面墙的墙角中线，在中线上定出空间高度。

第二步：逐步画出空间中的家具与墙面，注意上墨线时先画近处物体后画远处物体。

第三步：钢笔线稿完成。

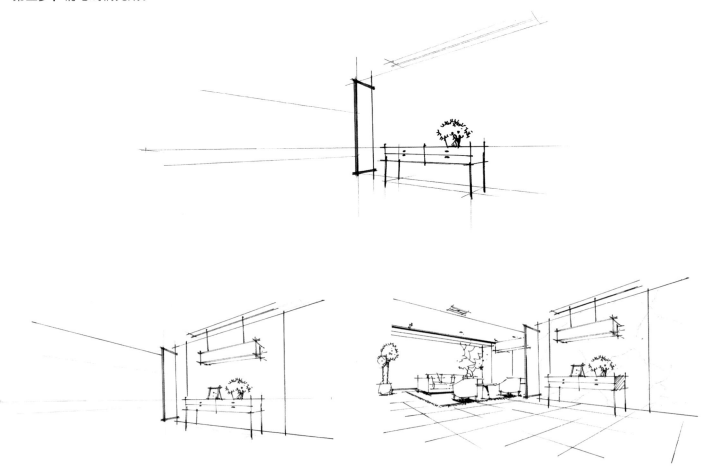

第四步：用马克笔结合彩铅上色。

※ 范例二

第一步：画面中的办公空间两点透视的灭点都已标出，在中线以下确定视平线位置，通过视平线上的灭点连接出墙角线。

第二步：确定办公桌后面背景书柜的位置，画出书柜及其层板厚度，确定办公桌的位置。

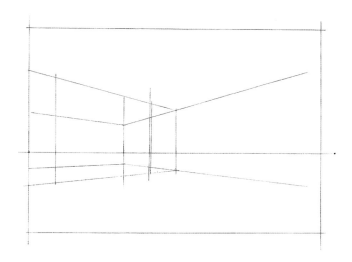
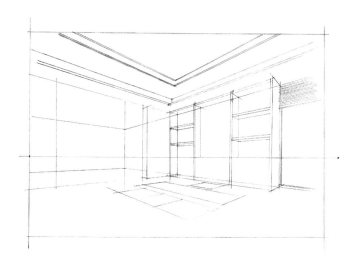

第三步：画出办公桌高度，注意刻画地面砖缝。

第四步：画出远处室内家具。

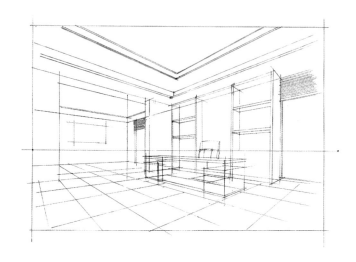

第五步：线稿完成。

第六步：马克笔结合彩铅上色完成。

关注并回复
"室内 4"观看视频

※ 范例三

第一步：画面中的餐饮空间为两点透视，内部有坡屋顶结构与天窗，整体比较复杂，画前要对空间结构充分理解，绘画时先用铅笔打底稿，注意线条清晰、肯定，忌碎线过多、铅笔线稿下笔过重。上墨线时先画出近处视觉中心的餐桌椅。

第二步：对应餐桌椅位置画出天花坡屋顶木结构，注意上下的呼应关系。

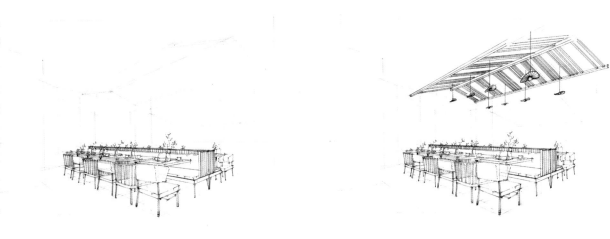

第三步：近处视觉中心确定后，画出远处部分被遮挡的墙体造型。

第四步：调整画面，画出地砖、墙缝等细部结构。

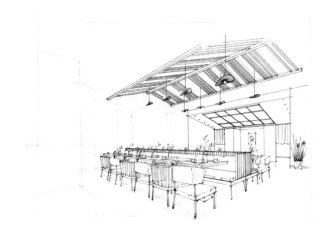

第五步：钢笔线稿完成。

第六步：马克笔结合彩铅上色完成。

5.2 空间表现作品欣赏

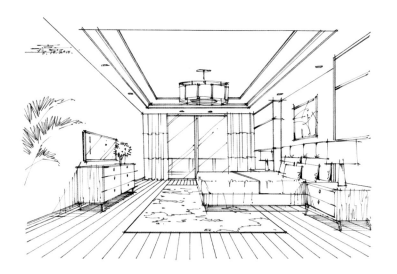

▲ 卧室

关注并回复
"室内 7"观看视频

▲ 卧室

关注并回复
"室内 11"观看视频

▲ 卧室

▲ 卧室

▲ 起居室

▲ 起居室

▲ 起居室

▲ 起居室

▲ 起居室

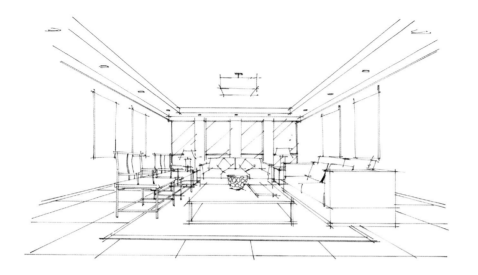

关注并回复
"室内 1"观看视频

▲ 起居室

▲ 起居室

▲ 新中式会所

▲ 新中式会所

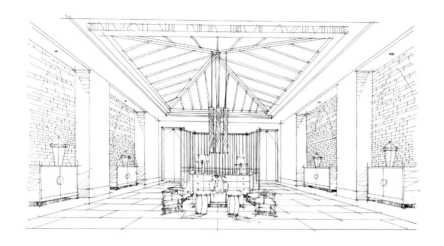

关注并回复
"室内 27"观看视频

▲ 新中式会所

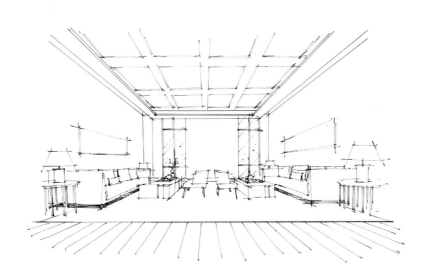

▲ 新中式会所

关注并回复
"室内 28"观看视频

▲ 卫生间

▲ SPA 空间

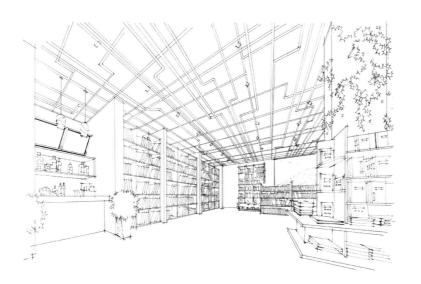

▲ 书吧

▲ 书吧

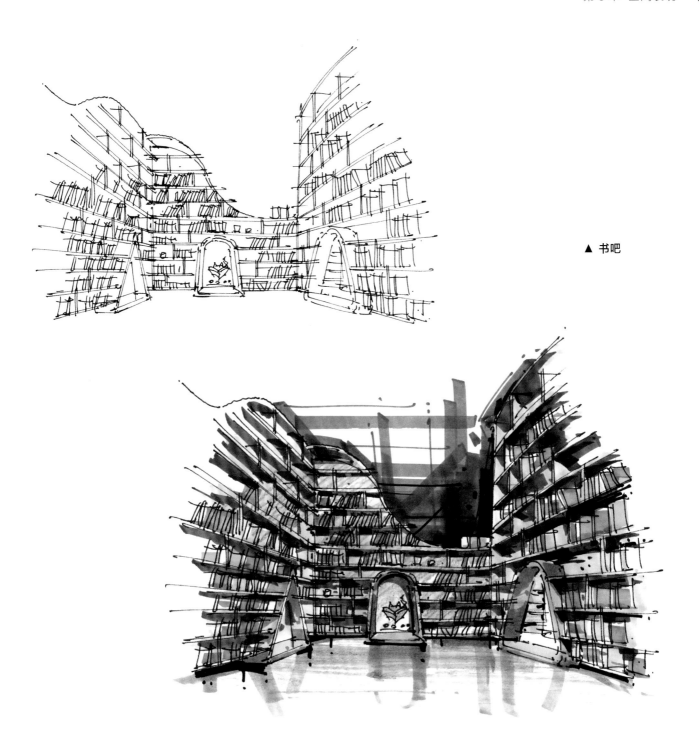

▲ 书吧

▲ 书吧

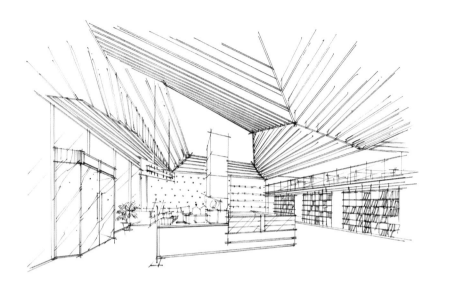

▲ 书吧

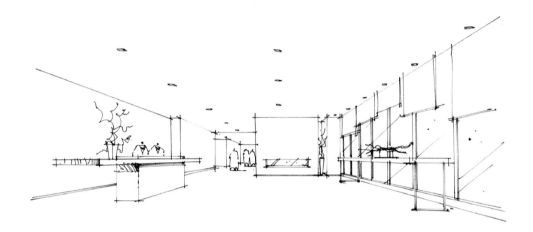

▲ 前台接待区

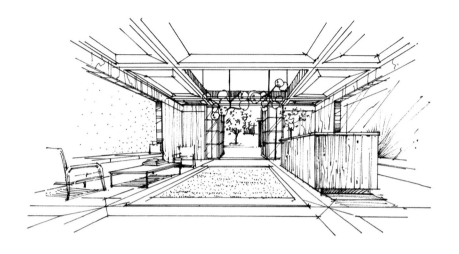

▲ 前台接待区

▲ 前台接待区

关注并回复
"室内 39" 观看视频

▲ 前台接待区

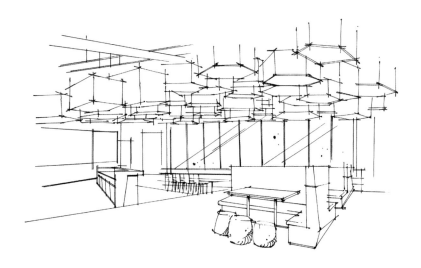

关注并回复
"室内13"观看视频

▲ 前台接待区

▲ 洽谈区

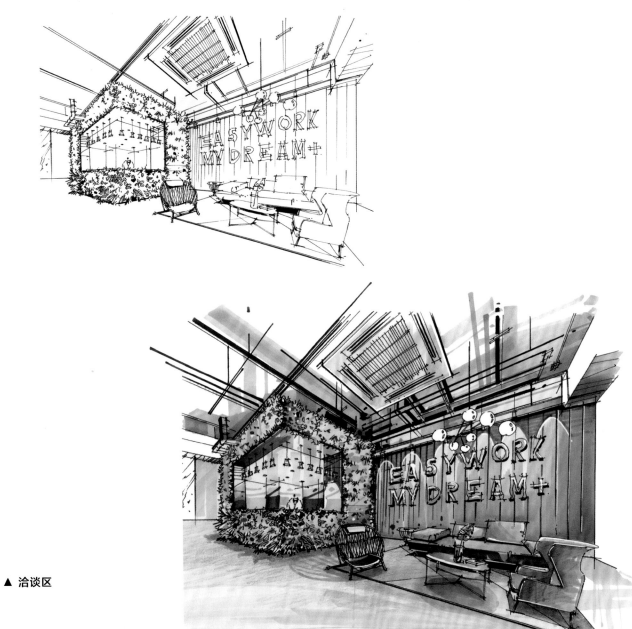

▲ 洽谈区

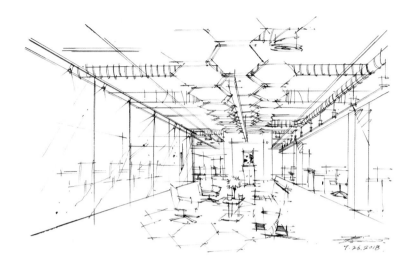

▲ 开敞式办公室

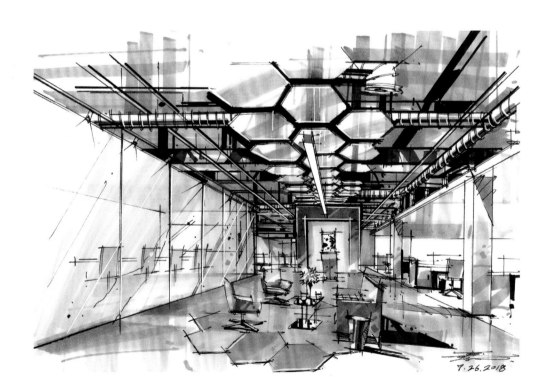

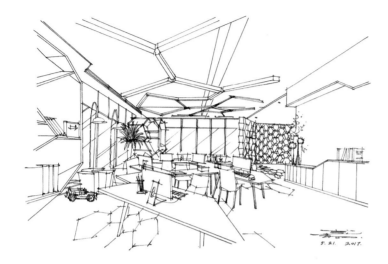

▲ 开敞式办公室

▲ 开敞式办公室

▲ 开敞式办公室

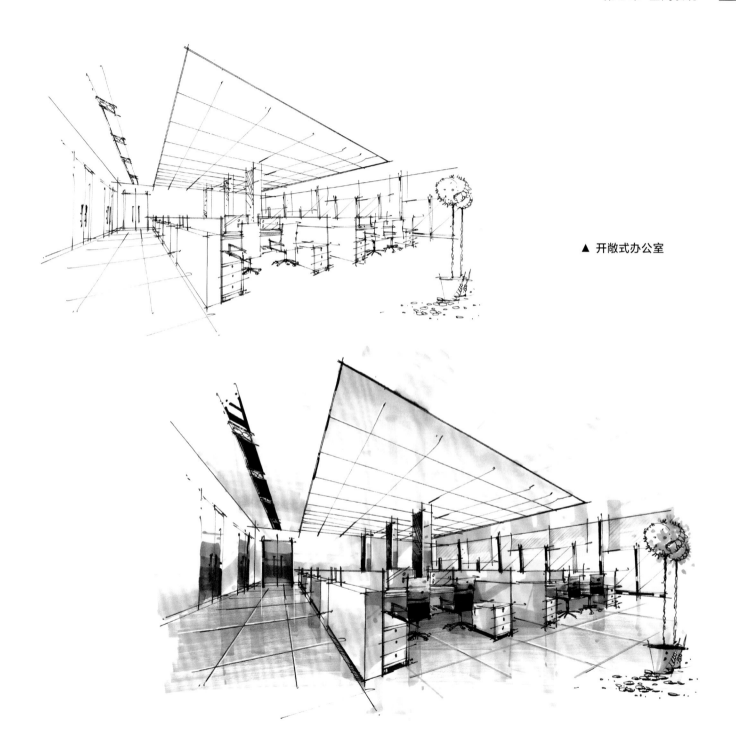

▲ 开敞式办公室

▲ 开敞式办公室

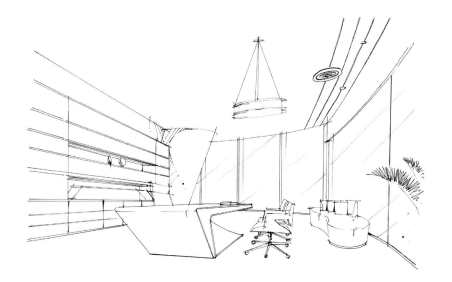

▲ 办公室

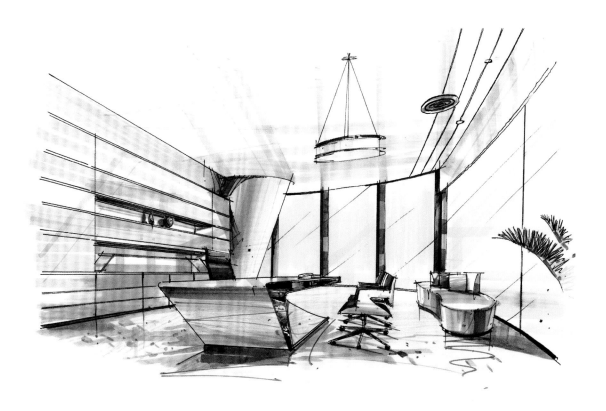

▲ 会议室

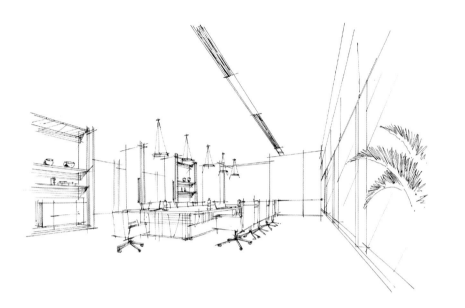

▲ 会议室

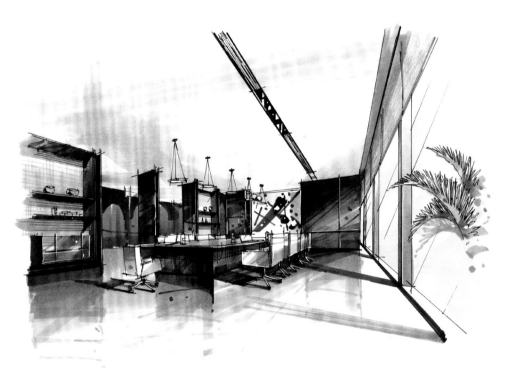

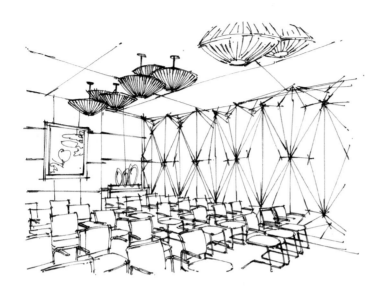

▲ 报告厅

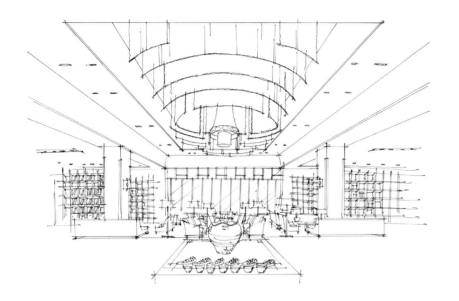

▲ 酒店大堂

▲ 酒店大堂

▲ 酒店大堂

▲ 酒店大堂

关注并回复
"室内 17"观看视频

▲ 酒店大堂

▲ 酒店大堂

关注并回复
"室内 18"观看视频

▲ 酒店大堂

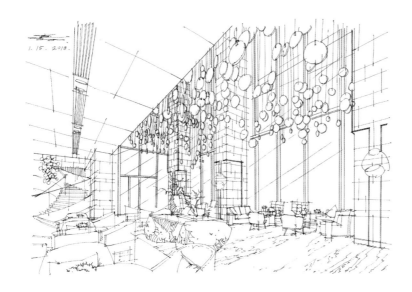

▲ 酒店大堂

▲ 餐饮空间

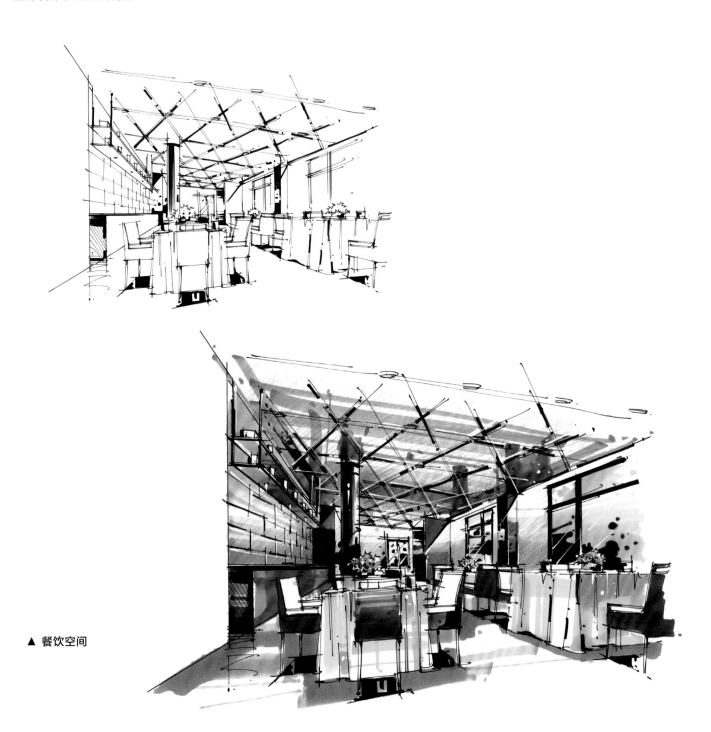

▲ 餐饮空间

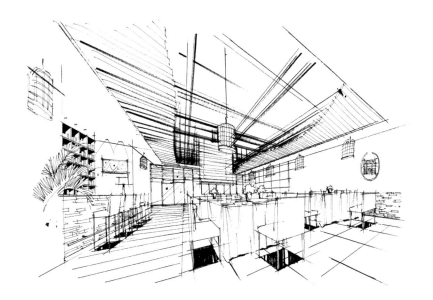

▲ 餐饮空间

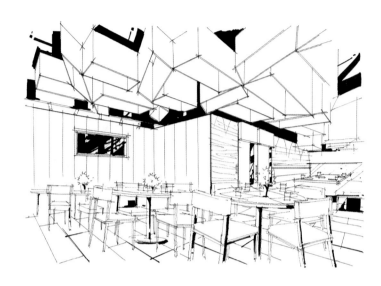

关注并回复
"室内22"观看视频

▲ 餐饮空间

▲ 餐饮空间

关注并回复
"室内19"观看视频

▲ 餐饮空间

▲ 餐饮空间

▲ 餐饮空间

▲ 餐饮空间

▲ 餐饮空间

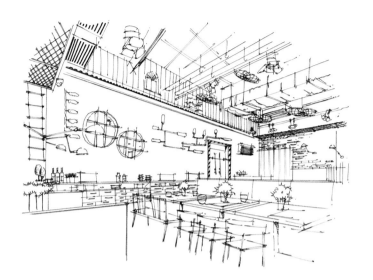

▲ 餐饮空间

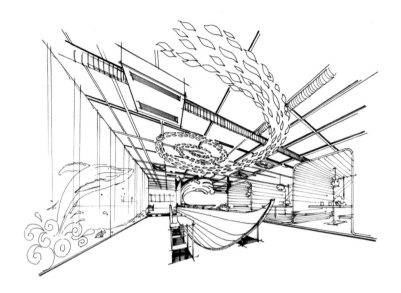

▲ 酒吧

▲ 酒吧

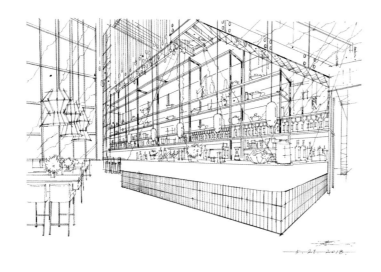

▲ 酒吧

关注并回复
"室内 37"观看视频

▲ 大篷车

▲ 大篷车

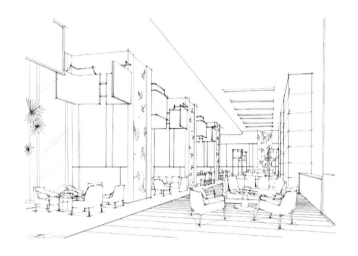

▲ 休闲吧

▲ 宴会厅

▲ 民宿

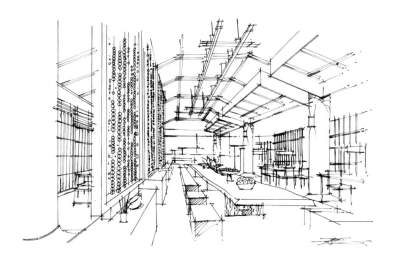

▲ 民宿

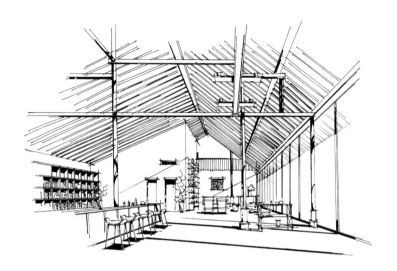

▲ 民宿

▲ 民宿

▲ 服装店

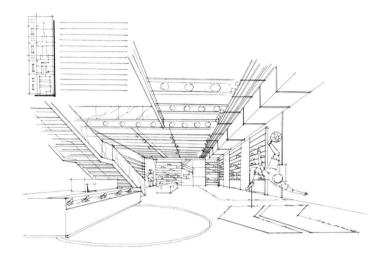

▲ 服装店

▲ 服装店

▲ 儿童娱乐空间

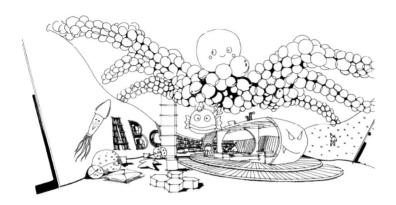

▲ 儿童娱乐空间

▲ 儿童娱乐空间

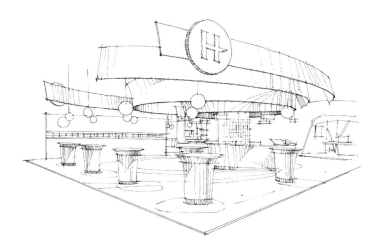

▲ **展示空间**

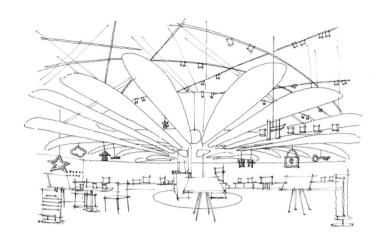

关注并回复
"室内33"观看视频

▲ 展示空间

▲ 展示空间

▲ 展示空间

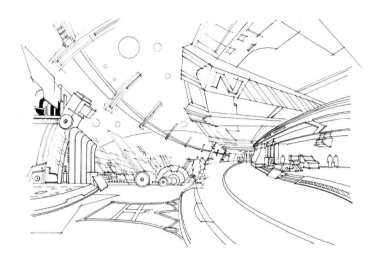

▲ 太空舱

▲ 凡尔赛宫写生

《彩绘凡尔赛宫》荣获第十三届中国手绘艺术设计大赛写生类优秀奖。

▲ **欧洲教堂写生** 《彩绘教堂》荣获第十届中国手绘艺术设计大赛写生类二等奖，入选第十二届黑龙江省美术作品展览。

▲ 酒店大堂铅笔表现

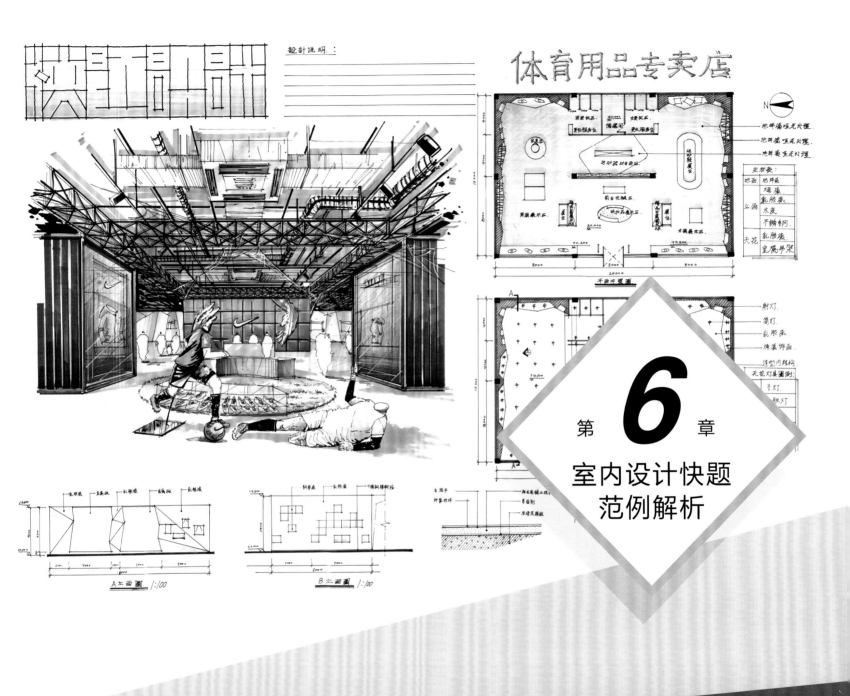

6.1 办公空间

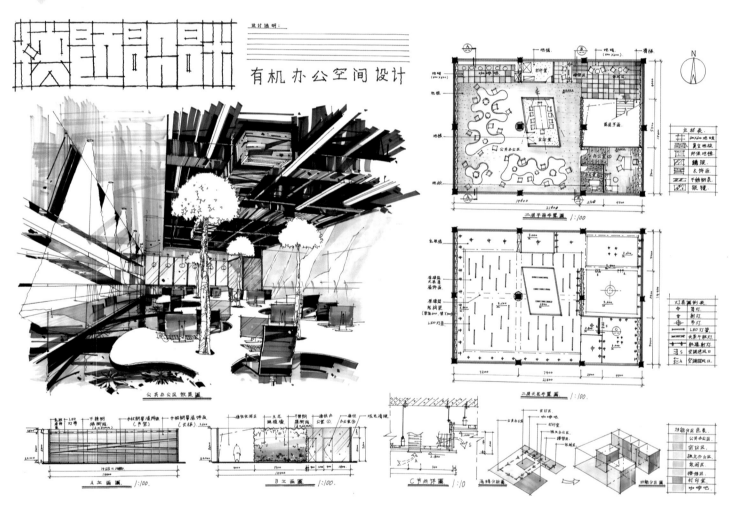

有机办公空间设计

公共办公区效果图

A立面图 1:100.

B立面图 1:100.

C节点详图 1:10

二层平面布置图 1:100

二层天花平面图 1:100

▲ 办公空间

关注并回复
"室内快题1"观看视频

6.2　体育用品专卖店

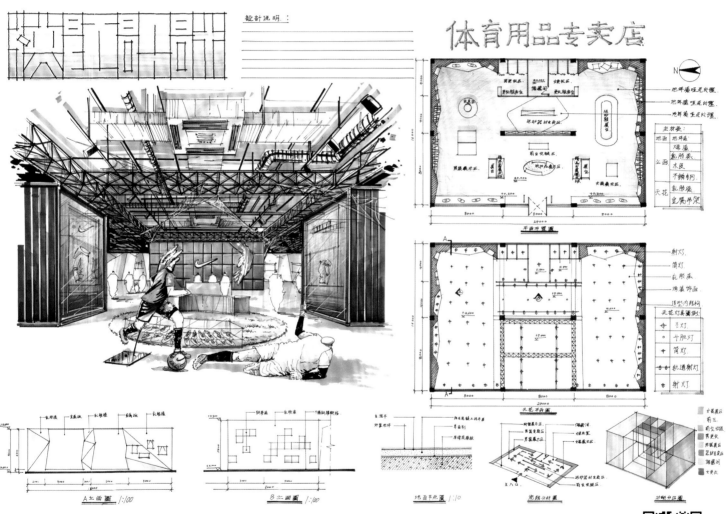

▲ 体育用品专卖店

关注并回复
"室内快题 2"观看视频

6.3 餐饮空间

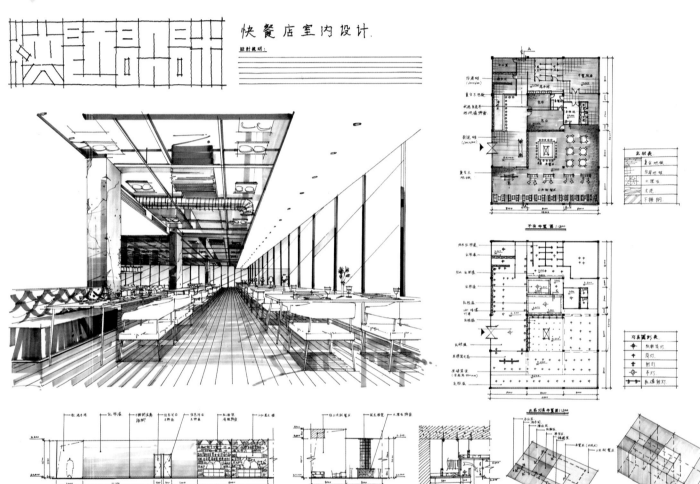

▲ 餐饮空间

关注并回复
"室内快题3"观看视频

合一设计教育 教学风采

合一设计教育专注艺术设计类专业考试教育，涵盖室内、服装、视觉、景观、建筑、城规专业手绘及设计史论。

内容简介

　　手绘是设计师必备的基本功，良好的手绘基础也是设计师艺术修养的展现。在设计手绘学习过程中，一套科学、系统的方法必不可少。为帮助广大热爱手绘的设计师及学生朋友扎实、有效地掌握设计手绘技巧，笔者结合多年设计工作与手绘教学经验，精心归纳整理，编著此书。

　　本书侧重手绘基础技法的剖析，具有"基础、精细、严谨"等特点，全书从工具、线条、构图、比例、材质、平面、立面、软配、空间透视、马克笔上色、施工规范等方面着重讲解，内容丰富，层次清晰。本书内容分为六章：第一章手绘基础，第二章上色技法，第三章材质表现，第四章元素积累，第五章空间表现，第六章室内设计快题范例解析。希望笔者所总结的手绘经验能够对广大设计师朋友及手绘爱好者有真真切切的帮助。

图书在版编目（CIP）数据

室内设计手绘基础精讲 / 郑嘉文著 . —— 武汉：华中科技大学出版社，2020.6
（合一设计手绘基础系列）

ISBN 978-7-5680-6070-7

Ⅰ . ①室… Ⅱ . ①郑… Ⅲ . ①室内装饰设计 – 绘画技法 Ⅳ . ① TU204.11

中国版本图书馆 CIP 数据核字 (2020) 第 059430 号

室内设计手绘基础精讲　　　　　　　　　　　　　　　　　　　　　郑嘉文　著
Shinei Sheji Shouhui Jichu Jingjiang

责任编辑：杨　靓
装帧设计：金　金
责任校对：周怡露
责任监印：朱　玢

出版发行：华中科技大学出版社（中国·武汉）　　　电　话：（027）81321913
　　　　　武汉市东湖新技术开发区华工科技园　　　邮　编：430223
印　　刷：中华商务联合印刷（广东）有限公司
录　　排：天津清格印象文化传播有限公司
开　　本：965mm*1040mm　1/16
印　　张：12
字　　数：350 千字
版　　次：2020 年 6 月第 1 版第 1 次印刷
定　　价：79.80 元